宠物营养学前沿

王金全　韩　冰　刘凤岐　著

中国农业科学技术出版社

图书在版编目（CIP）数据

宠物营养学前沿 / 王金全，韩冰，刘凤岐著 .-- 北京：中国农业科学技术出版社，2023.12

ISBN 978-7-5116-6533-1

Ⅰ.①宠… Ⅱ.①王… ②韩… ③刘… Ⅲ.①宠物－动物营养－研究进展 Ⅳ.① S865.3

中国国家版本馆 CIP 数据核字（2023）第 223177 号

责任编辑 陶 莲
责任校对 贾若妍 李向荣
责任印制 姜义伟 王思文

出 版 者 中国农业科学技术出版社
北京市中关村南大街 12 号 邮编：100081
电 话 （010）82109705（编辑室）（010）82106624（发行部）
（010）82109709（读者服务部）
网 址 https://castp.caas.cn
经 销 者 各地新华书店
印 刷 者 北京建宏印刷有限公司
开 本 185 mm × 260 mm 1/16
印 张 11.5
字 数 238 千字
版 次 2023 年 12 月第 1 版 2023 年 12 月第 1 次印刷
定 价 98.00 元

《宠物营养学前沿》

作者名单

顾　　问　李德发　印遇龙　谯仕彦　马　莹

王晓红　戴小枫　粟胜兰

主　　著　王金全　韩　冰　刘凤岐

副 主 著　陶　慧　王振龙　王秀敏　杨正楠

参著人员（按姓氏笔画排序）

丁丽敏　马楚钧　王艺霏　王佳雪

王建林　邓百川　田欣雅　冯艳艳

师　阳　吕宗浩　朱常锋　刘　杰

刘　威　安　尉　孙晋涛　阳红平

李　云　李　庆　李　陵　李　莲

李春晓　杨振宇　吴　怡　邹连生

张　鑫　张晓琳　陈鲜鑫　陈兴祥

武建文　武振龙　林　晓　周振雷

赵　亚　钟友刚　徐法典　高博泉

龚奇杰　常秀杰　符晓欣　梁书坤

辜垂鹏　温　馨　黎小青

前　言

宠物经济作为新业态，不仅是城镇居民的生活时尚，也是新时代乡村振兴的特色产业，在促进农民增收，增加城乡就业，大众创业、万众创新，发展国内、国外两个循环经济等方面发挥着越来越重要的作用。

据不完全统计，2023 年我国宠物犬、猫饲养量已经超过 1.4 亿只，其中宠物犬约 6 600 万只、宠物猫约 7 600 万只，宠物产业规模超过 2 600 亿元，其中占比最大的宠物食品规模约 1 000 亿元。“养宠”已经成为新时代人民群众追求健康美好生活的重要组成部分。

宠物食品产业在我国尚属于新兴产业，国内宠物营养与食品缺少系统性、基础性的学科体系，宠物营养相关研究基础较为薄弱且分散，缺少引领产业发展的相关基础性研究；与国外相比，我国宠物营养与食品研发尚处于起步阶段，远不能满足我国宠物食品行业迅猛发展的需求。

本书总结归纳了近些年国内外宠物营养与健康领域的相关研究报道，详细论述了碳水化合物、蛋白质、脂肪、矿物元素、维生素、水等六大营养元素与宠物健康的关系，并就宠物营养代谢病、宠物过敏与免疫、宠物肠道菌群、肥胖症、老年犬猫营养与健康问题进行了深入探讨，同时也列举了作者团队近年来宠物营养的研究进展，填补了我国宠物营养学术前沿论著的空白。希望本书可以为宠物营养与食品相关研发人员提供新的思路，以提高我国宠物营养与食品领域的自主创新能力和关键技术研究，推动我国宠物食品行业健康发展。

同时，要感谢所有著写人员对本书的支持和付出的辛苦劳动，本书也得到了天津朗诺宠物食品股份有限公司、中誉宠物食品（漯河）有限公司、厦门福纳新材料科技有限公司、安琪酵母股份有限公司、山东帅克宠物用品股份有限公司、佛山市雷米高动物营养保健科技有限公司、健合（中国）有限公司、泰安泰宠宠物食品有限公司、亚鲁特食品（安徽）有限公司、青岛彬利宠物用品有限公司、河北宠物产业协会、山东宠物行业协会等的大力支持。由于相关文献内容较少，加之著写人员水平有限，难免存在遗漏和不足，恳请专家和读者赐教指正。我们欢迎任何有创意的意见和建议来帮助我们修订和更新版本。

著　者

2023 年 12 月

目　录

第一章　犬猫基础营养篇

第二章　犬猫营养与健康篇

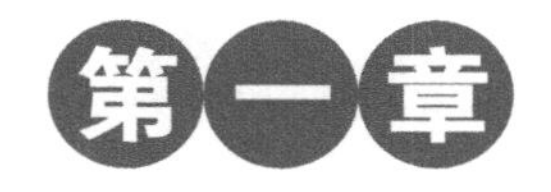

犬猫基础营养篇

第一节　碳水化合物

碳水化合物是犬猫营养中的重要组成部分。作为一种常见的营养素，碳水化合物提供能量，并对犬猫的生长、运动和维持正常身体机能起着关键作用。在犬猫饮食中，合理且适量地提供碳水化合物很重要，本章将围绕碳水化合物与犬猫营养展开讨论。

一、碳水化合物定义及分类

（一）碳水化合物的定义

碳水化合物（Carbohydrate）是自然界存在最多、具有广谱化学结构和生物功能的有机化合物。碳水化合物是一切生物体维持生命活动所需能量的主要来源。它广泛存在于植物性原料中，对动物生理过程的能量供应发挥着核心作用。

（二）碳水化合物的分类

碳水化合物根据其本身能否被水解及其水解后的产物可分为单糖、低聚糖以及多糖三类。

多糖是一类高分子化合物，是由许多单糖分子组合而成的长的、复杂的链状结构，种类很多，如淀粉、纤维素、半纤维素和果胶等。宠物食品中的绝大多数碳水化合物都来源于植物（Shirazi-beechey et al.，2011）。糖原是动物体内碳水化合物的储存形式，在肝脏和肌肉中存在，功能是维持体内恒定的葡萄糖浓度（Washizu et al.，1999）。淀粉是犬粮中主要的碳水化合物来源，玉米、小麦、高粱、大麦和大米等谷物是主要的淀粉原料。日粮中的淀粉和蔗糖在小肠中被消化成葡萄糖后，被机体利用（Wood，1944）。确保犬饮食中包含适当比例的碳水化合物至关重要，当犬日粮中缺乏淀粉时，机体葡萄糖的供应会发生变化，肝脏会转化氨基酸（Buddington et al.，1991）或者脂肪来提供葡萄糖。适量的碳水化合物可以为母犬提供持续的能量供应，有助于优化血糖管理，并支持幼犬的健康发育，从而维持哺乳母犬的血糖水平并降低初生幼犬的死亡率。可消化的碳水化合物在不同程度上也可被动物的肠道微生物利用（Kienzle，1993）。

二、宠物食品中碳水化合物及其作用

在宠物食品的生产中，尤其是在挤压干粮的加工过程中，碳水化合物扮演了至关重要的角色。碳水化合物主要负责提供粗磨产品的结构完整性，这对于干粮形状和结构的维持至关重要。没有碳水化合物的结合作用，干粮可能无法保持其所需的形态。此外，不同碳水化合物来源的质地特性也存在显著差异，这主要是因为每种碳水化合物对温度和加工时间的反应各不相同。这些差异影响了产品的最终质感和营养价值。

（一）淀粉

淀粉在宠物粮中起到成型、增稠、黏合、保水的作用，同时给宠物提供必需能量，维持血糖平衡。常规宠物食品成型需要 20% ～ 50% 的淀粉，而对于犬而言，建议淀粉摄入量为 20% ～ 30%，Morris（1977）对猫吸收碳水化合物能力进行测试，结果显示猫对淀粉吸收率为 94.2%，加上宠物食品制作过程中会对谷物或者薯类进行粉碎研磨、熟化、高温蒸煮，吸收率也会进一步提高。淀粉摄入不足容易引起低血糖；淀粉摄入过量，容易引起高血糖、肥胖。不同类型的淀粉对血糖变化的影响差异很大。

（二）膳食纤维

虽然犬和猫不能直接消化膳食纤维，但是在肠道菌群中发现的一些微生物在很大程度上可以将这些纤维分解。这些细菌发酵产生了短链脂肪酸（Short chain fatty acid，SCFA）和其他终产物。大多数可溶性纤维在大肠中可中度或高度发酵。相反，非可溶性纤维在它们自身结构中保留了一些水分子，不能够形成黏液。这些非可溶性纤维一般不发酵，其功能是增加排泄物和排空速度（Osbak et al.，2009）。对于犬和猫来说，胶质和其他可溶性纤维是经过高度发酵的，甜菜果浆是中度发酵的，纤维素是低度发酵的。纤维素在宠物的饮食中扮演着重要角色，主要是通过改变肠道中的微生物群落来影响宠物的营养吸收。特别是在猫科动物中，膳食纤维被认为对胃肠道健康至关重要。它不仅能够帮助宠物形成粪便，还能为大肠中的微生物群落提供必要的底物，进而影响肠道的营养状态。这些微生物在消化过程中发挥作用，有助于改善宠物的整体健康和消化效率。膳食纤维与猫的一些代谢病密切相关，如肥胖、糖尿病、高钙血症等。膳食纤维对犬的营养与健康也有益处。

反刍动物可以从纤维素细菌发酵后产生的短链脂肪酸（SCFA）中获得很多能量。但是，犬和猫不能够利用这些能量，因为它们的大肠相对较短并且结构简单（Bartoshuk et al.，1971）。因此，膳食纤维产生的 SCFA 不会对犬和猫的总体能量平衡产生较大的影响。但是，膳食纤维产生的 SCFA 是犬和猫胃肠道上皮细胞重要的能量来源。犬和猫小肠、大肠和结肠细胞增殖活跃，具有较高的周转率，均需依赖短链脂质作为一种重要的能量来源。研究发现，与不含发酵来源的纤维素的犬粮相比，含有适度发酵纤维素的犬粮可以增加结肠重量、黏膜表面积和黏膜厚度（Russell et al.，2002）。这些改变说明结肠吸收能力提高，揭示发酵纤维素增加了细胞活力和健康度。

某些食物中的发酵纤维素可以起到益生元的作用。益生元是食品中的组成组分，通过刺激胃肠道中某些种类的细菌增殖来促进碳水化合物的消化。

（三）果胶与果糖

果胶和低聚果糖是促进猫肠道健康的有效纤维来源。有学者用高碳水化合物低蛋白饮食和低碳水化合物高蛋白饮食作对比，发现高蛋白低碳水饮食可维持肥胖猫正常的脂质代谢和胰岛素敏感性（Hoenig et al.，2007）。低聚乳果糖和果寡糖能够降低结肠粪便中臭味物质（氨气、酚类、吲哚和胺类）的产量，这些臭味物质已经被证明能够引起结肠癌和其他类型的癌变。

（四）纤维素

增加纤维素的摄入量有助于增加饱腹感，减少犬只对其他营养成分（如脂肪和碳水化合物）的摄入，从而有助于体重管理。高纤维日粮可辅助性地用于治疗犬糖尿病、高血脂和结肠炎。在某些情况下，尤其是为了帮助犬只减肥和改善其消化道健康，宠物食品中的纤维素含量可以提高至10%～15%。幼犬和幼猫缺少胰淀粉酶，哺乳期不能供给含淀粉食物，猫对一些糖的代谢能力有限，采食低剂量的半乳糖［5.6 g/（kg体重·d）］便会产生中毒症。猫的小肠黏膜双糖酶活性不能自由调节，不适应日粮中高水平的碳水化合物，其主要靠糖异生作用满足糖的需要，并仅能利用一小部分淀粉中的葡萄糖；通常情况下日粮中的纤维素含量一般不超过5%，但减肥日粮可以达到10%～15%，高纤维日粮可明显降低营养物质的摄入。碳水化合物中的纤维素虽不能被消化吸收利用，却对胃肠道蠕动、防止粪便过度发酵、排便顺畅、饱感增加（控制体重和减肥）等大有益处，但纤维素含量过多会影响食物的适口性、降低脂肪和维生素的吸收、影响排便量、降低锌和铜的吸收等（Eisert et al.，2011）。

纤维素、半纤维素、果胶等是犬粮中不易被消化的碳水化合物，却是犬粮中不可缺少的重要成分，纤维素虽然不能被犬的消化酶消化，但可以被结肠内的微生物发酵分解，发酵产生的短链脂肪酸——乙酸、丙酸和丁酸，可以保护犬结肠黏膜的健康。犬粮中至少要含有3%的非发酵型的纤维素才能保证粪便成型。近年来，寡糖等作为益生元能促进肠道有益菌（双歧杆菌、乳酸菌）的生长，抑制病原微生物（梭菌、类杆菌属）的增长，保护消化道健康（Hewson-Hughes et al.，2011）。

三、犬猫对碳水化合物的消化吸收

犬猫是哺乳纲食肉目动物，它们的肠道相对较短，如猫的肠管长度是其体长的3倍，只有兔子的1/2，盲肠不发达；犬的肠管长度也只有其体长的5～6倍，而猪的肠道是其体长的10～15倍。犬猫进食后最快5～7 h即可将胃中的食物全部排出体外。胃肠道分泌的消化液有利于消化和吸收动物的肌肉和骨骼，犬猫能消化吸收动物鲜肉和内脏中 90% ～ 95% 的蛋白质，但却只能消化吸收植物性蛋白质的 60% ～ 80%（Hewson-Hughes et al.，2013）。犬猫的胃和小肠不含消化粗纤维的酶，但大肠中的细菌可以将粗纤维发酵降解为乙酸、丙酸和丁酸等挥发性脂肪酸，挥发性脂肪酸可被肠壁吸收，经血液输送至肝脏，进而被机体所利用，气体则被排出体外。犬猫对粗纤维的利用能力很弱，未被消化吸收的碳水化合物最终以粪便的形式排出体外（Hewson-Hughes et al.，2011）。

（一）犬

犬的味觉较差，采食迅速，可依靠灵敏的嗅觉来辨别食物的新鲜或腐败。犬的唾液中缺乏唾液淀粉酶，因此没有分解淀粉的能力。犬体内淀粉酶主要来源于胰腺。

淀粉是犬粮中主要的可消化性碳水化合物，其主要来源包括玉米、小麦、大麦、大米、高粱、马铃薯等，是犬最直接和最经济的能量来源。成犬对淀粉的消化率较高，犬粮中不同来源淀粉的消化率差异主要取决于谷物类型、淀粉类型、淀粉和犬粮中蛋白质的相互作用、淀粉颗粒结构、加工过程等。此外，淀粉被消化和吸收的速率和程度可影响成犬的餐后血糖浓度及胰岛素水平。De-Oliveira 等（2008）给成年绝育犬喂食 6 种膨化犬粮（淀粉含量为 36.6% ～ 41.7%），其淀粉来源分别为木薯粉、酿酒米、玉米、高粱、豌豆和小扁豆，然后绘制血糖应答曲线，计算血糖应答曲线下的面积（AUC）。结果表明，餐后即时（AUC ≤ 30 min）血糖浓度及胰岛素水平较高的为含酿酒米、玉米和木薯粉的犬粮，餐后（AUC ＞ 30 min）血糖浓度和胰岛素水平较高的为含高粱、小扁豆和豌豆的犬粮。另外，特殊的生理或病理状态，如糖尿病、肥胖、孕期、感染、癌症或老年期状态，会影响犬机体对血糖的控制。当犬处于这些状态时，调整犬粮中的碳水化合物来源及比例，降低餐后血糖浓度及胰岛素水平将有益于犬机体对血糖的控制（Hewson-Hughes et al.，2016）。

抗性淀粉（Resistant starch），是一类在小肠中不能被酶解的物质，与其他淀粉相比难降解，但可作为肠道菌群的发酵底物，如豌豆等。Goudez 等（2011）以不同来源及含量的抗性淀粉犬粮喂食成犬，观察其粪便的质量，结果发现小型犬对抗性淀粉的添加不敏感，而大型犬对抗性淀粉的添加非常敏感，且不同来源的抗性淀粉对粪便质量的影响存在很大差异。如给予迷你贵宾、迷你雪纳瑞和德国牧羊犬 11.4% 的生马铃薯抗性淀粉犬粮，最佳粪便状态比例分别为 92.1%、85.0% 和 2.2%；分别给德国牧羊犬相同含量（7.4%）的生马铃薯淀粉犬粮和含直链淀粉的玉米淀粉犬粮，稀便出现的频率分别为 75.0% 和 33.3%。

此外，膳食纤维可通过稀释犬粮营养物质水平来减少能量的摄入，在减肥犬粮中合理使用膳食纤维，让犬获得机械性饱食的同时避免高能量的摄入。此外，可溶性的膳食纤维还可增加食物黏性，减慢胃排空时间并对消化酶形成屏障，减缓食物中营养物质的消化和吸收，有益于糖尿病犬的血糖控制。

不同于食肉的祖先——狼，犬在驯养过程中作为杂食动物已经适应了富含淀粉的食物。谷物作为淀粉的主要来源，犬对其的消化率高达 95% 以上（Hewson-Hughes et al.，2016）。谷物不是犬的主要过敏原，报道最多的引起犬过敏的食物源自动物蛋白，如牛肉、乳制品、鸡肉等。谷物对于犬并不是只提供"无营养价值的热量"，谷物中的膳食纤维、维生素、矿物质对犬的健康十分重要。肥胖犬易患糖尿病，但任何高能量的饮食都会导致犬肥胖，没有证据表明谷物与犬肥胖、糖尿病有直接关联。因此，评估一款犬粮的消化性、安全性，不能仅仅从单一成分上进行判断，应该从犬粮的整体配方、原料质量及犬的食用表现上进行整体评估（Laflamme et al.，2008）。

（二）猫

猫对碳水化合物没有绝对需求，但它们也需要葡萄糖。猫缺乏唾液淀粉酶，但能产生胰淀粉酶，可以接受饮食中含有多种碳水化合物，包括淀粉。成猫并不需要食物中的碳水化合物，但是提高哺乳母猫的碳水化合物摄入量，能大幅度提高泌乳量，将体重减轻程度降到最低。

猫适应低碳水化合物饮食。肝脏内酶的变化情况反映了猫对低碳水化合物饮食的进化适应，特别是葡萄糖和果糖等单糖含量低的饮食。猫的肝脏葡萄糖激酶水平较低，限制了猫在通过食物摄入大量葡萄糖后对其进行有效代谢的能力。猫在摄入大量的蔗糖或果糖后，可能会由于利用果糖的能力有限而发生果糖血症和果糖尿，这说明猫的肝脏中缺乏有活性的果糖激酶。但有趣的是，猫肝脏内的果糖激酶分布与其他动物相似，并且与犬的肝脏相比，猫己糖激酶的活性更高。因此，在其他途径处于活跃状态的条件下，酶活性的差异并不会必然限制猫肝脏摄取葡萄糖的总能力，但是，猫的肝脏处理葡萄糖的速度会减慢。猫肝脏的蛋白质分解酶基本上一直处于活跃状态，能持续提供碳骨架（酮酸）进行糖异生或氧化产能，在进食碳水化合物含量低的食物时，这种适应能力能促进持续的糖异生作用，以此来维持血糖水平。

近年来，如生骨肉、自制或商业生产的新鲜肉类饮食以及素食和纯素饮食替代传统饮食变得越来越流行。生食饮食通常由想要给猫喂食更自然饮食（即最少加工和较少谷物含量）的主人使用。与传统的商业饮食相比，这些类型的替代饮食通常含有较少量的碳水化合物。关于替代饮食的益处和风险，存在不同的观点。支持者认为这类饮食能带来多种健康好处，而反对者则担心它们可能引起健康风险和并发症。主要关注的风险包括营养失衡（特别是矿物质、微量元素和维生素）、胃肠道阻塞或骨碎片穿透，以及由于原始甲状腺组织污染可能引发的外源性甲状腺毒症。这些担忧主要基于个别病例报告，并没有广泛的统计学证据支持。在选择宠物饮食时，考虑这些潜在风险并寻求专业兽医的建议是非常重要的（Hamper et al.，2017）。

关于猫粮中碳水化合物的使用存在很多争论。与许多其他哺乳动物一样，猫对饮食中的碳水化合物没有最低要求。许多传统的商业饮食所含的碳水化合物比野猫摄入的量或家猫自由选择的量要多。然而，这些数据并未显示哪种碳水化合物水平最适合猫科动物的健康。此外，家猫和野猫的生活方式差异（如绝育状态、室内与室外生活方式等）也可能影响最佳膳食营养含量。

四、碳水化合物与宠物健康

碳水化合物是商业宠物食品的重要组成部分，但会偶尔引起犬猫肥胖和消化不良等问题。当动物的能量需求被超越，由消化的碳水化合物所产生的额外葡萄糖就会被储存为脂肪，这样就产生了肥胖。我们应该意识到，无论是碳水化合物、脂肪还是蛋白质，过量摄入都可能导致肥胖。然而，碳水化合物由于是宠物日常饮食中最常见的能量来源，并且可以容易地被转化为葡萄糖，因此在导致体重增加方面尤其值得注意。适当平衡这些营养素的摄入量对维持宠物的健康体重至关重要。

（一）功能性消化不良

功能性消化不良的信号，从轻微到严重，通常包括了排气（放屁）、腹胀和腹泻（Villaverde et al.，2014）。食物是通过消化道的酶，如淀粉酶、乳糖酶、麦芽糖酶、蔗糖酶和双糖酶来进行分解，转化为可用形式的。当动物们缺乏某些酶时，将无法充分分解这些碳水化合物。未消化的碳水化合物发酵产生的细菌过度生长会导致产生气体和多余的水分，进而产生消化不良的症状。

乳糖不耐症是一种常见的消化不良。幼龄动物体内的乳糖酶可以分解牛奶中的乳糖。随着年龄的增长，动物体内停止产生乳糖酶，这时易出现乳糖不消化及消化不良症状。不同的动物个体，对可消化碳水化合物总量的容忍度也是不一样的。许多犬和猫可以接受大多数商业宠物食品中的平均碳水化合物水平，但有一些犬和猫吃这些食物就会导致消化不良。而如果这些犬和猫被喂食较低含量的碳水化合物饮食，或者给它们补充消化酶，通常就不会发生消化不良问题（Niemiec et al.，2008）。

（二）血糖问题

犬和猫的血浆葡萄糖浓度的标准范围是 70 ～ 120 mg/dL。Zentek（1995）发现，在体外给犬回肠食糜加入葡萄糖和半乳糖进行发酵，会使 pH 值分别降低至 5.18 和 5.15。相比较而言，添加乳糖或淀粉（玉米淀粉或土豆淀粉），pH 值降低的幅度要小一些（pH 值分别为 5.85、6.48 和 7.13）。Nguyen 等（1998）得出结论，淀粉量是成年健康犬血糖反应的决定因素。

餐后高血糖和胰岛素分泌，可能取决于直链淀粉和支链淀粉的比例。Nguyen 等（1998）发现，食物淀粉含量与餐后血糖、胰岛素反应曲线呈正线性相关，证明了不同全价日粮的淀粉含量也是成年健康犬血糖反应的一个主要决定因素。Sunvold（1995）提出碳水化合物在盲肠的发酵对伴侣动物肠道健康的重要性，发酵终产物取决于起始底物的化学组成，如寡糖和菊粉的发酵可使丁酸盐的比例增加。Massimino 等（1998）报道，与饲喂含低发酵纤维犬粮（7%木纤维素）的犬相比，饲喂日粮含有 9.5% 可发酵混合纤维（6%甜菜浆、2%阿拉伯胶和 1.5%果寡糖）的犬具有较长的空肠绒毛（$P < 0.05$）（分别为 1 343 μm 和 1 517 μm）。纤维对小肠的有益健康作用可归因于纤维在后肠道厌氧发酵产生了 SCFA。SCFA 被认为具有调节最靠近发酵部位的肠道组织的有益营养作用，其作用是通过激素或其他信号途径进行调控的。饲喂含纤维素日粮组的犬结肠隐窝黏液膨胀率（71.4%）和隐窝炎（41.4%）较高，而甜菜浆组（分别为 46.7%和 20%）、果胶和阿拉伯胶组（分别为 53.3% 和 20.0%）的则较低（Raditic et al.，2014）。并且，饲喂含果胶+阿拉伯胶日粮的犬的表皮脱落发病率（46.7%）最高，而甜菜浆（6.7%）和纤维素组（7.1%）的发病率相对较低（Van boekel et al.，2010）。这些数据均表明，来自可发酵纤维的 SCFA 有助于正常的结肠生长和代谢。改变结肠细菌数量的最合适方法是改变发酵底物的类型。益生元是一类特殊的不可消化寡糖，它们能够选择性地促进结肠中某些有益菌的增殖和活性，这些有益菌通常是结肠的常驻菌群。益生性寡糖的种类包括果寡糖、甘露寡糖、葡寡糖、半乳寡糖和木寡糖等。这些益生元通过刺激有益菌的生长，有助于改善宠物的肠道健康，从而提升宠物整体健康状况。Terada 等（1992）给犬每天提供 1.5 g 的乳蔗糖，这使得犬粪便中双歧杆菌的数目增加（$P < 0.05$），产气荚膜梭菌的数目减少。添加乳蔗糖也可减少犬粪便中的腐败化合物（氨、酚、粪臭素、乙苯酚）的浓度（$P < 0.05$）。Sparkes（1998）报道，添加果寡糖对猫有积极的影响。日粮中的果寡糖（0.75%，DM 基础）可增加猫粪便中乳酸杆菌的丰度（164 倍，$P < 0.05$）和拟杆菌的丰度（13.2 倍，$P < 0.05$），并减少粪便中埃希氏大肠杆菌的丰度（75%，$P < 0.05$）和产气荚膜梭菌的丰度（98%，$P=0.08$）。但是，果寡糖、木寡糖和甘露寡糖以占日粮 0.5%的浓度添加到犬粮中时，粪便中埃希氏大肠杆菌和乳酸杆菌的丰度未受影响。添加甘露寡糖可使犬粪便中的产气荚膜梭菌的丰度降低（$P=0.09$）。

除了能提高结肠的微生物数量，寡糖也可能对小肠内菌群有积极影响。德国牧羊犬采食含 1%的果寡糖（饲喂基础）的日粮后，小肠中的需氧菌和兼性厌氧菌的数量降低（$P < 0.05$），这有助于抑制小肠中细菌的过度生长（Willard et al.，1994）。但是，含 0.75% 果寡糖的日粮（DM 基础）并不影响健康猫十二指肠的细菌浓度。在小肠中，黏性非淀粉多糖（NSPs）是养分释放的屏障，并可减慢养分的吸收，对于血糖的控制和胰岛素代谢十分重要。当胃排空时间及肠道转运时间延长，淀粉水解减缓或葡萄糖

吸收减慢时，可能发生低血糖症。

（三）免疫

甘露寡糖的作用是防止肠上皮细胞的凝集，以及增加犬血液中中性粒细胞的活性，可能改变机体的免疫系统。给成犬饲喂含有0%、0.1%、0.2%或0.4%甘露寡糖的干性日粮，没有明显改变血浆免疫球蛋白浓度（Schlesinger et al.，2011）。在6周龄幼犬的日粮中添加0.2%甘露寡糖，与一开始接种疫苗的对照组幼犬相比，其血液循环中的中性粒细胞数增加，在接种疫苗14 d后中性粒细胞多28%，在21 d天后中性粒细胞多60%。并且，血浆IgG没有受到显著影响。Swanson等（2002）给成犬的日粮中每天添加2 g甘露寡糖、2 g果寡糖或者2 g甘露寡糖和果寡糖，发现14 d后，甘露寡糖组犬的淋巴细胞增多、白细胞比例增加和血清免疫IgA浓度明显增加，这也证明犬免疫系统功能得到了增强。甘露寡糖和果寡糖组犬的血液、回肠流出液和粪便中的IgA浓度增加，这说明甘露寡糖的免疫增强作用一定程度上取决于动物的年龄和身体健康状况。

纤维替代能量或蛋白质来源已被用于降低饮食中的能量密度。不同的化学成分和理化性质反映了纤维溶解度和生理结构的不同模式（Schneider et al.，2018）。甜菜浆中常见的可溶性纤维可以减少胃排空时间，降低营养物质和能量的消化率，改善发酵，增加粪便含水量。不同的纤维可调节肠道通过速率，由于与肠道腔内纤维和营养物质的相互作用，营养物质的吸收可能会受到影响。可溶性纤维增加食糜黏度并减少胆汁盐，胆汁盐可能影响胃肠道酶对底物的作用，从而降低消化率。卵磷脂作为乳化剂具有亲水和亲脂性，集中在油和水之间的界面处，可以降低界面张力。添加卵磷脂可以补偿纤维对营养物质消化率的负面影响（Michel et al.，2006）。

不同类型的碳水化合物在生理上具有不同的作用。虽然关于猫对可发酵基质反应的数据相对较少，但已有众多研究证据表明这类物质对犬是有益的。选择伴侣动物日粮中的可消化或不可消化碳水化合物，关键在于仔细评估每种碳水化合物的独特特性，以确保满足宠物的特定营养需求，促进其身体健康。

参考文献

BARTOSHUK L M, HARNED M A, PARKS L H, 1971. Taste of water in the cat: effects on sucrose preference[J]. Science, 171(3972): 699–701.

BUDDINGTON R K, CHEN J W, DIAMOND J M, 1991. Dietary regulation of intestinal brush–border sugar and amino acid transport in carnivores[J]. The American Journal of Physiology, 261: R793–R801.

DE–OLIVEIRA L D, CARCIOFI A C, OLIVEIRA M C, et al., 2008. Effects of six carbohydrate sources on diet digestibility and postprandial glucose and insulin responses in cats[J]. Journal of Animal Science, 86(9): 2237–2246.

EISERT R, 2011. Hypercarnivory and the brain: protein requirements of cats reconsidered[J]. Journal of Comparative Physiology. B, Biochemical, Systemic, and Environmental Physiology, 181(1): 1–17.

HAMPER B A, BARTGES J W, KIRK C A, 2017. Evaluation of two raw diets vs a commercial cooked diet on feline growth[J]. Journal of Feline Medicine and Surgery, 19(4): 424–434.

HEWSON–HUGHES A K, HEWSON–HUGHES V L, MILLER A T, et al., 2011. Geometric analysis of macronutrient selection in the adult domestic cat, *Felis catus*[J]. The Journal of Experimental Biology, 214(Pt 6), 1039–1051.

HEWSON–HUGHES A K, COLYER A, SIMPSON S J, et al., 2016. Balancing macronutrient intake in a mammalian carnivore: disentangling the influences of flavour and nutrition[J]. Royal Society Open Science, 3: 160081.

HEWSON–HUGHES A K, HEWSON–HUGHES V L, COLYER A, et al., 2013. Consistent proportional macronutrient intake selected by adult domestic cats (*Felis catus*) despite variations in macronutrient and moisture content of foods offered[J]. Journal of Comparative Physiology. B, Biochemical, Systemic, and Environmental Physiology, 183(4): 525–536.

HOENIG M, THOMASETH K, WALDRON M, et al., 2007. Insulin sensitivity, fat distribution, and adipocytokine response to different diets in lean and obese cats before and after weight loss[J]. American Journal of Physiology, Regulatory, Integrative and Comparative Physiology, 292(1): 227–234.

KARR–LILIENTHAL L K, MERCHEN N R, GRISHOP C, et al., 2002. Selected gelling agents in canned dog food affect nutrient digestibilities and fecal characteristics of ileal cannulated dogs[J]. Archiv für Tierernaehrung, 56(2): 141–153.

KIENZLE E, 1993. Carbohydrate metabolism of the cat. 1. Activity of amylase in the gastrointestinal tract of the cat[J]. Journal of Animal Physiology and Animal Nutrition, 69(1–5): 92–101.

LAFLAMME D P, ABOOD S K, FASCETTI A J, et al., 2008. Pet feeding practices of dog and cat owners in the United States and Australia[J]. Journal of the American Veterinary Medical Association, 232(5): 687–694.

MASSIMINO S P, MCBURNEY M I, FIELD C J, et al., 1998. Fermentable dietary fiber increases GLP–1 secretion and improves glucose homeostasis despite increased intestinal glucose transport capacity in healthy dogs[J]. The Journal of Nutrition, 128(10): 1786–1793.

MICHEL K E, 2006. Unconventional diets for dogs and cats[J]. The Veterinary Clinics of North America. Small Animal Practice, 36(6): 1269.

MORRIS J G, TRUDELL J, PENCOVIC T, 1977. Carbohydrate digestion by the domestic cat (*Felis catus*)[J]. The British Journal of Nutrition, 37(3): 365–373.

NGUYEN P, DUMON H, BIOURGE V, et al., 1998. Glycemic and insulinemic responses after ingestion of commercial foods in healthy dogs: influence of food composition[J]. The Journal of

Nutrition, 128(12 Suppl): 2654–2658.

NIEMIEC B A, 2008. Extraction techniques[J]. Topics in Companion Animal Medicine, 23(2): 97–105.

OSBAK K K, COLCLOUGH K, SAINT-MARTINYM, et al., 2009. Update on mutations in glucokinase (GCK), which cause maturity-onset diabetes of the young, permanent neonatal diabetes, and hyperinsulinemic hypoglycemia[J]. Human Mutation, 30(11): 1512–1526.

RADITIC D M, BARTGES J W, 2014. Evidence-based integrative medicine in clinical veterinary oncology[J]. The Veterinary Clinics of North America. Small Animal Practice, 44(5): 831–853.

RAPHAËL G, MICKAEL W, VINCENT B, et al., 2011. Influence of different levels and sources of resistant starch on faecal quality of dogs of various body sizes[J]. British Journal of Nutrition, 106: S211–S215.

RUSSELL K, MURGATROYD P R, BATT R M, 2002. Net protein oxidation is adapted to dietary protein intake in domestic cats (*Felis silvestris catus*)[J]. The Journal of Nutrition, 132(3): 456–460.

SCHLESINGER D P, JOFFE D J, 2011. Raw food diets in companion animals: a critical review[J]. The Canadian Veterinary Journal, 52(1): 50–54.

SCHNEIDER S M, SRIDHAR V, BETTIS A K, et al., 2018. Glucose metabolism as a pre-clinical biomarker for the golden retriever model of duchenne muscular dystrophy[J]. Molecular Lmaging and Biology, 20: 780–788.

SHIRAZI-BEECHEY S P, MORAN A W, BATCHELOR D J, et al., 2011. Glucose sensing and signalling: regulation of intestinal glucose transport[J]. The Proceedings of the Nutrition Society, 70(2): 185–193.

SPARKES A H, PAPASOULIOTIS K, SUNVOLD G, et al., 1998. Effect of dietary supplementation with fructo-oligosaccharides on fecal flora of healthy cats[J]. American Journal of Veterinary Research, 59(4)：436–440.

SUNVOLD G D, FAHEY JR G C, MERCHEN N R, et al., 1995. In vitro fermentation of selected fibrous substrates by dog and cat fecal inoculum: influence of diet composition on substrate organic matter disappearance and short-chain fatty acid production[J]. Journal of Animal Science, 73(4): 1110–1122.

SWANSON K S, GRIESHOP C M, FLICKINGER E A, et al., 2002. Supplemental fructooligosaccharides and mannanoligosaccharides influence immune function, ileal and total tract nutrient digestibilities, microbial populations and concentrations of protein catabolites in the large bowel of dogs[J]. The Journal of Nutrition, 132(5): 980–989.

TERADA H, HARA T, OISH I, et al., 1992. Effect of dietary lactosucrose on faecal flora and faecal metabolites of dogs[J]. Microbial Ecology in Health and Disease, 5(2): 87–92.

VAN BOEKEL M A J S, FOGLIANO V, PELLEGRINI N, et al., 2010. A review on the beneficial aspects of food processing[J]. Molecular Nutrition and Food Research, 54(9): 1215–1247.

VILLAVERDE C, FASCETTI A J, 2014. Macronutrients in feline health[J]. The Veterinary clinics of North America, 44(4): 699.

WASHIZU T, TANAKA A, SAKO T, et al., 1999. Comparison of the activities of enzymes related to glycolysis and gluconeogenesis in the liver of dogs and cats[J]. Research in Veterinary Science, 67(2): 205–206.

WILLARD M D, SIMPSON R B, DELLES E K, et al., 1994. Effects of dietary supplementation of fructo–oligosaccharides on small intestinal bacterial overgrowth in dogs[J]. American Journal of Veterinary Research, 55(5): 654–659.

WOOD H O, 1944. The surface area of the intestinal mucosa in the rat and in the cat[J]. Journal of Anatomy, 78(Pt 3): 103–105.

ZENTEK J, 1995, Influence of diet composition on the microbial activity in the gastro–intestinal tract of dogs. Ⅲ. In vitro studies on the metabolic activities of the small–intestinal microflora[J]. Journal of Animal Physiology and Animal Nutrition, 74: 62–73.

第二节　蛋白质

蛋白质是犬猫极为重要的营养素之一，按其来源不同，可分为动物源、植物源和微生物源。犬猫对于蛋白质需求明显不同。近年来，人们不断开发各种蛋白质原料，并提出高蛋白饮食的概念。

关于高蛋白质饮食影响的主要关注点集中在对肾功能的潜在影响上（Laflamme，2008），该研究比较了蛋白质限制对肾病的影响。结果表明，患有慢性肾衰竭的犬在喂食磷和蛋白质限制饮食时显示出显著的临床益处。肾功能丧失与蛋白质分解代谢的各种含氮和非含氮废物的积累有关，这些废物被认为是尿毒症体征的重要原因。由于这些化合物几乎完全来自蛋白质降解，因此它们的产生与膳食蛋白质消耗有关。减少这些患宠膳食蛋白质的基本目的是减少含氮废物的产生，从而改善临床症状。

一、植物源蛋白

随着人类对动物副产品消费需求的不断增加，宠物食品行业动物蛋白资源正在减少。在饮食营养均衡的前提下，动物蛋白可以在犬类饮食中被植物蛋白替代，而不会对氨基酸消化率或性能产生不利影响。基于氨基酸含量配制的植物蛋白是犬食物中动物蛋白的可行替代品（Callon et al.，2017）。犬类饮食目前确保营养充足，但几乎总是含有过量的动物来源蛋白质，这是宠物食品行业关注的问题。

就表观总消化率而言，动物蛋白日粮的表观可代谢能量和粗蛋白质消化与植物蛋白日粮没有显著差异。植物高浓度蛋白质来源于豆粕、大豆蛋白分离物、玉米蛋白粉和大米蛋白质浓缩物等，犬和猫都能够消化植物蛋白，植物蛋白可以满足宠物尤其是犬对氨基酸的需求（Golder et al.，2020）。

植物蛋白是犬类罐头食品中蛋白质的重要来源，但是，犬对于大豆碳水化合物消化不良，大量的植物蛋白可抑制犬小肠电解质消化并增加粪便水分含量（Hill et al.，2001）。玉米发酵蛋白（CFP）是近些年研究的植物蛋白之一，与玉米蛋白粉不同，CFP含有更高的粗纤维含量和脂肪含量。CFP 的添加水平可能因饮食消化率和动物健康目标而异（Guevara et al.，2008）。有试验研究 CFP 在膨化宠物日粮生产中的影响，结果表明，喂食 CFP 的犬具有高质量的粪便，其质量高于喂食豆粕（SBM）和玉米蛋白粉（CGM）的犬（Kilburn et al.，2022）。犬的消化率评估表明，CFP 饮食总体上不如 SBM 和 CGM 饮食易消化，但与 SBM 饮食相比具有相似的蛋白质消化率（Smith et al.，

2023）。CFP 可以根据粪便质量、消化率适口性为宠物食品提供一种新的蛋白质来源。

二、动物源蛋白

动物源蛋白质被广泛用于犬猫粮中。目前一个日益增长的趋势是使用具有人类食品级质量成分的动物源蛋白。

（一）畜禽肉类

就蛋白质来源而言，市场上发现的大多数干宠物食品都是使用两种不同的原料生产的：鲜肉（FMs）和肉粉（MMs）。虽然在宠物食品市场上可以找到人类可食用级的肉，但是根据欧洲议会和理事会第 1069/2009 号法规规定，大多数 FMs 来自不适合人类食用的肉，而 MMs 来自人类不食用的动物部分。FMs 由动物的某些部分组成，这些部分因不适合人类食用而被废弃，但没有显示出任何可传播给人类疾病的迹象，而 MMs 可能还包括动物的蹄、角、毛发和羽毛。这些 MMs 主要被宠物食品制造商用来增加宠物日粮的蛋白质和氨基酸（AA）含量，以便制成全价宠物食品。然而，MMs 经历的密集工业过程可能对它们的可消化性有负面影响，并导致原材料的氧化和部分降解，此外，不适当的储存条件可能导致有害微生物繁殖、有机成分降解、有害产物（生物胺等）的产生。

一般来说，不同原料的运输和储存条件，包括其包装和保存方法，可能会导致宠物食品的营养和感官特性发生不良变化。宠物食品发生化学变化的主要原因之一是由于氧和光的促氧化作用，能够诱导自由基和活性氧（ROS）的形成，破坏不同的分子，包括蛋白质（Estévez，2011）。ROS 导致的氧化产物能够以食物中的蛋白质成分为底物引发进一步的氧化过程。蛋白质氧化产物的积累会显著改变食品的感官和营养特性。

由新鲜肉类制成的宠物食品，其粗磨生产过程包括混合热处理和机械处理，有助于提高最终产品的适口性和耐用性，但可能对营养利用率和消化率产生不良影响（Oba et al.，2019）。Fiacco 等（2018）对三种不同的鸡肉配方宠物食品进行了定量和定性分析，包括新鲜肉类、肉类以及这两种食物的混合物。结果表明，仅由鸡肉鲜肉组成的干宠物食品可溶性蛋白质含量最高；还含有更多的必需 AA 和牛磺酸，以及更多的单不饱和脂肪酸和多不饱和脂肪酸。此外，其体外消化率最高，超过其干重的 90%，这使得基于新鲜肉类的配方成为干宠物食品的首选。

（二）鱼类

鱼类加工产业每年产生超过 1 万 t 的鱼类副产品，其中大部分可用于动物饲料。目前，主要的副产品（鱼头部、内脏、皮和骨骼）没有得到充分利用，往往造成废弃物处理和环境问题。这些鱼类加工产生的废弃物可以作为动物食品的高蛋白饲料成分和适口性增强剂。

传统宠物食品行业利用的蛋白质来源广泛，包括肉类、骨头粉、家禽粉、家禽副产品粉和豆粕等（Feng et al.，2020）。尽管使用鱼类基质作为替代蛋白质来源的优势在宠物食品相关研究中得到了认可，但由于缺乏对这些产品特征的了解，导致它们在商业宠物食品中的利用不足（Folador et al.，2006）。通过扩大鱼类基质成分分析数据库，并确定生物学利用率、适口性和免疫调节作用，营养学家将能够在宠物膳食配方中增加这些替代成分的使用量，并可以提供必需氨基酸、非必需氨基酸和 n–3 脂肪酸的功能，同时为全价宠物食品提供味觉剂。

三、可替代蛋白原料

在全球范围内，50% 的家庭拥有猫或犬。这两种伴侣动物共同占全球宠物食品销售额的 95%。这些伴侣动物的健康和福祉对其主人至关重要（Kępińska et al.，2022）。蛋白质是宠物日粮中最重要的成分之一，犬的蛋白质需要量为 18% ～ 22%，猫的为 26% ～ 30%。

随着全球环保理念的普及和饲料资源需求的日益增加，宠物食品未来发展方向要关注不与人类和畜禽养殖争资源的问题。因此，寻求绿色低碳、可持续发展的可替代的蛋白原料变得尤为重要。

（一）昆虫蛋白

昆虫作为人类和宠物可持续、天然低碳和新型的蛋白质来源，受到了相当大的关注（Bosch et al.，2014）。与传统畜牧业相比，昆虫需要更少的资源，温室气体排放更少。据估计，生产 1 kg 黑水虻幼虫蛋白质产生约 3 L CO_2，来自昆虫的蛋白质表现出很高的生物学价值，且蛋白营养丰富，易消化，可促进动物的健康（Abdel–Wahab et al.，2021）。目前，用于宠物食品的三种昆虫是黑水虻幼虫、黄粉虫幼虫和成年家蟋蟀。昆虫由于其高脂质含量而能够提供大量能量，特别是在幼虫阶段，黄粉虫幼虫和蟋蟀含有不饱和脂肪酸，这可能有益于宠物健康。昆虫是抗菌肽（AMPs）和月桂酸的来源，这可能是其改善免疫应答的因素，并对消化道微生物组的分解有积极影响。黑水虻幼虫中存在的主要脂肪酸是月桂酸，这是一种对革兰氏阳性菌、真菌和病毒具有抗菌活性的饱和脂肪酸，同时月桂酸还可以调节总胆固醇水平。黑水虻幼虫（BSFL）是人类和动物蛋白质来源的绝佳候选者。在降解废物的过程中，BSFL 将有机废物转化为氨基酸、肽、蛋白质、油、几丁质和维生素，从而控制某些有害细菌和害虫，也用于医药和化学以及各种动物（主要是宠物、猪和家禽）饲料（Lu et al.，2022），作为宠物食品具有很大的应用潜力。此外，BSFL 很容易在任何营养基质上饲养和繁殖，如植物残渣、动物粪便和废物、食物残渣、农业副产品或秸秆。BSFL 衍生的蛋白质越来越受欢迎，因为它的蛋白质和脂肪含量高，且有助于减少宠物食品配方的碳足迹。除了作为高质量的蛋白质来源外，还有 BSFL 衍生蛋白质的生物功能。这些蛋白质已被证明具有抗炎、抗氧化、免疫调节和抗菌特性。例如，BSFL 水解产物中存在的几种肽序列在 C 端和 N 端具有丙氨酸、赖氨酸、异亮氨酸、苯丙氨酸、亮氨酸和缬氨酸残基，其已被证明可以增强自由基清除能力。BSFL 油也是一种独特的脂肪来源，因为它富含中链脂肪酸，如月桂酸（C12∶0）。这些脂肪酸具有抗菌特性，是皮脂腺脂质（皮脂）的重要组成部分，可为皮肤提供保护，免受病原体和水分流失的侵害（Böhm et al.，2018）。此外，存在于 BSFL 角质层中的几丁质（结构与纤维素相同）被认为具有益生元潜力，可能有益于肠道健康。目前，宠物食品是欧洲昆虫蛋白的最大市场。犬对食物中的昆虫蛋白过敏的可能性很低，昆虫类食物越来越多地用于对传统蛋白质来源（如家禽或牛肉）食物过敏的犬的食品。

昆虫的营养成分可能因饲养基质而异，但一般来说，BSFL 干物质（DM）含有约 400 g/kg 粗蛋白质、300 g/kg 粗脂肪。脱脂 BSFL 粉的粗蛋白质和粗脂肪含量分别约为 675 g/kg DM 和 62 g/kg DM。与蟋蟀和黄粉虫相比，BSFL 除了具有大规模生产的直接潜力外，还具有更稳定的氮和磷成分，并具有更有利的饲料转化率。与基于传统蛋白质来源的犬粮相比，含有各种昆虫的食物已被证明具有相似的气味和食用偏好。例如，当比格犬可以自由获得具有四种昆虫香气的商业干犬粮时，结果显示首选的频率没有差异。犬稍微更喜欢含 BSFL 的饮食而不是含黄粉虫的饮食，而猫则相反。

已有试验评估了不同水平的含脱脂 BSFL 粉和 BSFL 油的日粮在成年比格犬中的接受度、安全性和消化率（Penazzi et al.，2021）。在整个研究过程中，动物的总体健康状况保持不变。在粪便观察期内，粪便形成良好，血液学和血液生化指标均保持在测定正常范围内。干物质、蛋白质、脂肪和热量的表观消化率不受处理影响。

BSFL 衍生的蛋白质作为可持续的宠物食品成分越来越受欢迎，这些成分具有很强的抗氧化和抗菌活性。BSFL 蛋白衍生物能够保护动物细胞免受中性粒细胞介导的氧化损伤。由于 BSFL 蛋白衍生物能够提供氢原子和 / 或电子来对抗不稳定的分子，它们可能有助于预防犬猫骨关节炎（OA）（Mouithys et al.，2021）。OA 是影响犬猫的常见病症之一，它可能影响犬猫的膝盖、髋部、肩部和肘部。OA 的发生和进展与多种因素有关，包括与衰老相关的趋化因子、细胞因子和蛋白酶等分子的分泌。这些分子本身要么发生反应，要么触发与细胞成分反应的化合物的分泌，导致滑膜、软骨下骨和 / 或关节软骨降解或结构变化。在这些过程中，宠物可能会出现关节功能受损以及运动疼痛。OA 的治疗包括使用非甾体抗炎药（NSAID），例如对乙酰氨基酚，但这些药物通常伴有副作用（例如胃肠道问题）。

葡萄糖胺及其盐通常用作营养保健品，以减轻患有 OA 的犬的疼痛。氨基葡萄糖作为一种氨基单糖，是糖胺聚糖生物合成的首选底物，糖胺聚糖进一步用于形成细胞外基质并构成软骨的蛋白聚糖的生物合成。含有 BSFL 蛋白的干宠物食品配方可以为犬提供葡萄糖胺。一个受欢迎的宠物食品品牌目前建议每天给体重 25 ～ 30 kg 的犬喂食 250 ～ 340 g 的昆虫配方奶。这种喂养模式将使食用它的犬获得 300 ～ 400 mg 氨基葡萄糖，与市场上含有 300 ～ 1 600 mg 氨基葡萄糖的商业葡萄糖补充剂相比，这是一个相当大的数量（Bhathal et al.，2017）。将来，评估包含在宠物食品配方中的 BSFL 蛋白中存在的葡萄糖胺的体内摄取和动力学可能成为进一步的研究对象。

大多数昆虫的限制性氨基酸是蛋氨酸和半胱氨酸。不同的昆虫在分析的参数中有所不同，例如，家蝇和黑水虻蛹蛋白质含量高，氨基酸评分高，但比其他昆虫更难消化。蟋蟀蛋白质含量和氨基酸评分较高，与鱼粉相似；氮消化率高于鱼粉。蟑螂的蛋白质含量相对较高，但消化率值较低（Do et al., 2022）。

Kierończyk（2018）研究了黄粉虫、突厥斯坦蟑螂、黑水蝇和热带家蟋蟀气味对犬的吸引力，结果发现，在评估的昆虫中，雄性犬更喜欢黄粉虫散发的气味，而雌性犬则对土耳其斯坦蟑螂表现出更大的偏好。Jarett 等（2019）确定了食用不同均衡饮食（用全蟋蟀餐代替 0、8%、16% 或 24% 的蛋白质含量）对犬肠道微生物群的影响。添加蟋蟀粉后，在粪便中观察到连环杆菌和乳杆菌科的丰度增加，而拟杆菌、粪杆菌、裂头螺旋体科和其他杆菌的丰度下降。

Hong 等（2020）研究了家蝇幼虫对成年比格犬的血液学、免疫和氧化应激生物标志物的影响。试验使用两种饮食，分别为对照组（无家蝇幼虫粉）和试验性饮食（含 5% 家蝇幼虫粉），测试时间为 42 d，结果发现，日粮补充家蝇幼虫粉可明显降低血液中丙二醛含量（$P < 0.05$），具有较好的抗氧化作用。

Hu 等（2020）评估了斑点蟑螂、马达加斯加嘶嘶发生蟑螂和超级蠕虫幼虫的三种不同昆虫餐的影响。这项研究包括 28 只猫，分为 4 种饮食处理：3.5% 的鸡粉（对照饮食）、4% 的斑点蟑螂、4% 的马达加斯加蟑螂、4% 的蠕虫幼虫。结果发现，所有饮食都能被猫很好地消化，干物质（86.5% ～ 88.1%）、有机物（88.9% ～ 90.6%）、脂肪（90.1% ～ 92.3%）和粗蛋白质（86.3% ～ 89.4%）的表观消化率没有差异。粪便评分不受不同饮食的影响。同样，粪便支链脂肪酸、吲哚和苯酚浓度在处理之间没有差异。

（二）微生物蛋白

酵母具有动物营养的重要特征，蛋白质、核苷酸、B 族维生素含量高，同时还含有来自细胞的核苷酸以及来自细胞壁的 1.3 / 1.6 β－葡聚糖和甘露聚糖，当一起食用时可以有效地影响肠道和整体动物健康（Martins et al.，2014）。它们也被认为对许多物种来说适口性较好，这归因于其谷氨酸和 5'– 核糖核苷酸的浓度升高，赋予了食物咸味和鲜味，这些鲜味物质不仅赋予了食物特殊的风味，还可以增强食物的其他风味。同时，酵母的氨基酸含量很高，总蛋白质含量为干物质的 40% ～ 50%，是营养和健康的重要化合物。啤酒酵母与甘蔗酵母相比，具有更高的消化率、蛋白质含量和能量含量。与豆粕（SM）相比，纤维素材料生产的酵母更节省资源，并且不会与人类食物系统竞争资源。

酵母可增加犬粪便中 SCFA 浓度，减少肠道中吲哚的产生并减少粪便气味，而不会影响营养素的消化率。SCFA 产量的增加可能表明非致病性微生物发酵活性以及随之而来的具有致病潜力的微生物生长减少。SCFA 在大肠中起着极为重要的作用，可抑制结肠和直肠中肿瘤的生长，诱导结肠细胞和肠细胞分化，损伤后肠上皮的恢复，防止病原微生物定殖，增加肠黏膜血流量，增加黏蛋白产生量，改善肠道屏障功能并减少促炎细胞因子的产生。除了调节产生的发酵代谢物外，酵母对肠道微生物群的主要直接影响是微生物的丰富度和多样性的增加。

四、氨基酸

犬猫在氨基酸的营养和代谢方面进化有所不同。在这两种动物中，肝脏和肾脏中氨基酸合成的葡萄糖在维持葡萄糖稳态方面起着重要作用。当犬的饮食不能提供足够的淀粉、糖原或葡萄糖时，会利用肝脏和肾脏中的糖原性氨基酸合成葡萄糖。在猫中，氨基酸的糖异生在向大脑、红细胞和免疫细胞提供葡萄糖以及因此其存活方面起着至关重要的作用。因此，犬猫对某些氨基酸的需求存在差异，如牛磺酸（β－氨基乙烷磺酸）是一种氨基酸衍生物，是维持组织完整性所必需的。据报道，牛磺酸具有许多生理和药理作用，牛磺酸缺乏会导致扩张性心肌病、心力衰竭、中央视网膜变性、失明、耳聋和繁殖障碍等疾病（Che et al.，2021）。

当喂食蛋氨酸和半胱氨酸充足的食物时，大多数品种的犬可以在肝脏中将半胱氨酸充分转化为牛磺酸。然而，饮食中甲硫氨酸和半胱氨酸的摄入不足可能会导致某些品种的犬出现扩张性心肌病，其特征为心肌变薄和心室增大（Mansilla et al.，2019）。例如，一小部分（1.3%～2.5%）纽芬兰犬在喂食被认为营养全面均衡的市售食物时会出现牛磺酸缺乏，原因可能是基因突变导致体内牛磺酸合成减少。当饲喂蛋白质缺乏饮食时，某些品种的犬（如金毛寻回犬）更容易缺乏牛磺酸和发展扩张性心肌病，即使喂食基于肉类的饮食也是如此，这是由于多种因素的组合，包括饮食、代谢和遗传因素之间的复杂相互作用。这种疾病可能是由于半胱氨酸双加氧酶和半胱氨酸亚磺酸盐脱羧酶活性低，以及半胱氨酸的可用性有限，从而导致不能合成足量的牛磺酸。一些品种的犬具有合成牛磺酸的能力，并不一定意味着它们不需要增加膳食中牛磺酸含量来获得最佳健康（Li et al.，2023）。只有在拥有足够的牛磺酸合成酶的犬品种中，在它们的饮食中提供足够的蛋氨酸和半胱氨酸才能预防如扩张型心肌病等代谢性疾病（Kaplan et al.，2018）。

牛磺酸通过外源性摄入动物蛋白食物和含硫氨基酸的内源性生物合成来维持，与大多数品种的犬相比，猫在肝脏内可以将蛋氨酸转化为半胱氨酸，然而，由于半胱氨酸双加氧酶和半胱氨酸亚磺酸脱羧酶的低活性，所以猫从头合成牛磺酸的能力非常有限。牛磺酸最确定的作用是与胆汁酸结合，以增强胆汁酸的水溶性，以促进它们在胆汁中的排泄，促进肠道脂质吸收；此外，牛磺酸具有增加胆汁酸合成限速酶 CYP7A1 的表达和活性的作用（Miyazaki et al.，2022）。猫因为饮食中缺乏牛磺酸而引起的牛磺酸缺乏症不仅导致牛磺酸与胆汁酸结合失败，而且还介导胆汁中胆汁酸的质量和含量的下降。研究结果表明，体内牛磺酸含量的减少是由胆汁酸代谢异常引起的线粒体功能障碍而成为各种疾病诱发的危险因素（Miyazaki et al.，2022）。另有研究表明，母猫日粮牛磺酸缺乏（≤ 0.05%）会导致猫的早期胚胎吸收和胎儿缺陷，其饮食中必须含有＞ 0.05% 牛磺酸才能获得最佳妊娠状态（Miyazaki et al.，2019）。因此，猫的饮食中必须含有足够的牛磺酸。

近年来，许多研究表明，动物源性成分是犬猫饮食中精氨酸和牛磺酸的丰富来源（Phungviwatnikul et al.，2022）。例如，常见动物源性食品中牛磺酸的含量为（mg/kg 食品）：血粉，1 520；鸡肉副产品粉，2 096；鸡内脏，1 317；来自酶处理猪黏膜组织的喷雾干燥蛋白胨，1 638；家禽副产品粉（宠物食品级），3 884；喷雾干燥的家禽血浆，2 455。相比之下，所有植物来源的食物都缺乏牛磺酸和肌酸，因此不应只喂猫或某些品种的犬植物来源的蛋白质。

参考文献

ABDEL-WAHAB A, MEYER L, KÖLLN M, et al., 2021. Insect larvae meal (*Hermetia illucens* L.) as a sustainable protein source of canine food and its impacts on nutrient digestibility and fecal quality[J]. Animals (Basel), 11(9): 2525.

BHATHALA,SPR YSZAK M,LOUIZOS C,etal.,2017.Gliccosamine and chondroitin use in canines for osteoarthritis:a review[J].open veterinary Journal,7(1)：36–49.

BÖHM T, KLINGER C, GEDON N, et al., 2018. Effect of an insect protein-based diet on clinical signs of dogs with cutaneous adverse food reactions[J]. Tierärztliche Praxis Ausgabe K: Kleintiere/Heimtiere, 46: 297–302.

BOSCH G, ZHANG S, OONINCX D G A B, et al., 2014. Protein quality of insects as potential ingredients for dog and cat foods[J]. Journal of Nutritional Science, 3: e29.

CALLON M C, CARGO-FROOM C, DEVRIES T J, et al., 2017. Canine food preference assessment of animal and vegetable ingredient-based diets using single-pan tests and behavioral observation[J]. Frontiers in Veterinary Science, 4: 154.

CHE D, NYINGWA P S, RALINALA K M, et al., 2021. Amino acids in the nutrition, metabolism, and health of domestic cats[J]. Advances in Experimental Medicine and Biology, 1285: 217–231.

DO S, KOUTSOS E A, MCCOMB A, et al., 2022. Palatability and apparent total tract macronutrient digestibility of retorted black soldier fly larvae–containing diets and their effects on the fecal characteristics of cats consuming them[J]. Journal of Animal Science, 100(4): skac068.

ESTÉVEZ M, 2011. Protein carbonyls in meat systems: a review[J]. Meat Science, 89: 259–279.

FENG T, HU Z, TONG Y, et al., 2020. Preparation and evaluation of mushroom (*Lentinus edodes*) and mealworm (*Tenebrio molitor*) as dog food attractant[J]. Heliyon, 6: e05302.

FIACCO D C, LOWE J A, WISEMAN J, et al., 2018. Evaluation of vegetable protein in canine diets: assessment of performance and apparent ileal amino acid digestibility using a broiler model[J]. Journal of Animal Physiology and Animal Nutrition, 102(1): e442–e448.

FOLADOR J F, KARR–LILIENTHAL L K, PARSONS C M, et al., 2006. Fish meals, fish components, and fish protein hydrolysates as potential ingredients in pet foods[J]. Journal of Animal Science, 84(10): 2752–2765.

GOLDER C, WEEMHOFF J L, JEWELL D E, 2020. Cats have increased protein digestibility as compared to dogs and improve their ability to absorb protein as dietary protein intake shifts from animal to plant sources[J]. Animals (Basel), 10(3): 541.

GUEVARA M A, BAUER L L, ABBAS C A, et al., 2008. Chemical composition, in vitro fermentation characteristics, and in vivo digestibility responses by dogs to select corn fibers[J]. Journal of Agricultural and Food Chemistry, 56(5): 1619–1626.

HILL R C, BURROWS C F, ELLISON G W, et al., 2001. The effect of texturized vegetable protein from soy on nutrient digestibility compared to beef in cannulated dogs[J]. Journal of Animal Science, 79(8): 2162–2171.

HOLT D A, ALDRICH C G, 2022. Evaluation of torula yeast as a protein source in extruded feline diets[J]. Journal of Animal Science, 100(12): skac327.

HONG Y, ZHOU J, YUAN M M, et al., 2020. Dietary supplementation with housefly (*Musca domestica*) maggot meal in growing beagles: hematology, serum biochemistry, immune responses and oxidative damage[J]. Annals of Animal Science, 20: 1351–1364.

HU Y, HE F, MANGIAN H, et al., 2020. Insect meals as novel protein sources in wet pet foods for adult cats[J]. Journal of Animal Science, 98: 315.

JARETT J K, CARLSON A, ROSSONI–SERAO M, et al., 2019. Diets with and without edible cricket support a similar level of diversity in the gut microbiome of dogs[J]. PeerJ, 7: e7661.

KAPLAN J L, STERN J A, FASCETTI A J, et al., 2018. Taurine deficiency and dilated cardiomyopathy in golden retrievers fed commercial diets[J]. Public Library of Science ONE, 13: e0209112.

KĘPIŃSKA–PACELIK J, BIEL W, 2022. Insects in pet food industry–hope or threat[J]. Animals (Basel), 12(12): 1515.

KIEROŃCZYK B, RAWSKI M, PAWEŁCZYK P, et al., 2018. Do insects smell attractive to dogs? A comparison of dog reactions to insects and commercial feed aromas–a preliminary study[J]. Annals of Animal Science, 18: 795–800.

KILBURN–KAPPELER L R, LEMA ALMEIDA K A, ALDRICH C G, 2022. Evaluation of graded levels of corn–fermented protein on stool quality, apparent nutrient digestibility, and palatability in healthy adult cats[J]. Journal of Animal Science, 100(12): skac354.

LAFLAMME D P, 2008. Pet food safety: dietary protein[J]. Topics in Companion Animal Medicine, 23(3): 154–157.

LI P, WU G, 2023. Amino acid nutrition and metabolism in domestic cats and dogs[J]. Journal of Animal Science and Biotechnology, 14(1): 19.

LU S, TAETHAISONG N, MEETHIP W, et al., 2022. Nutritional composition of black soldier fly larvae (*Hermetia illucens* L.) and its potential uses as alternative protein sources in animal diets: a review[J]. Insects, 13(9): 831.

MANSILLA W D, MARINANGELI C P F, EKENSTEDT K J, et al., 2019. Special topic: the association between pulse ingredients and canine dilated cardiomyopathy: addressing the knowledge gaps before establishing causation[J]. Journal of Animal Science, 97(3): 983–997.

MARTINS M S, SAKOMURA N K, SOUZA D F, 2014. Brewer's yeast and sugarcane yeast as protein sources for dogs [J]. Journal of Animal Physiology and Animal Nutrition, 98(5): 948–957.

MIYAZAKI T, SASAKI S I, TOYODA A, et al., 2019. Influences of taurine deficiency on bile acids of the bile in the cat model[J]. Advances in Experimental Medicine and Biology, 1155: 35–44.

MIYAZAKI T, SASAKI S I, TOYODA A, et al., 2022. Impaired bile acid synthesis in a taurine–deficient cat model[J]. Advances in Experimental Medicine and Biology, 1370: 195–203.

MOUITHYS M A, TOME N M, BOOGAARD T, et al., 2021. Unlocking the real potential of black soldier fly (*Hermetia illucens*) larvae protein derivatives in pet diets[J]. Molecules, 26(14): 4216.

OBA P M, UTTERBACK P L, PARSONS C M, et al., 2019. Chemical composition, true nutrient digestibility, and true metabolizable energy of chicken–based ingredients differing by processing method using the precision–fed cecectomized rooster assay[J]. Journal of Animal Science, 97(3): 998–1009.

PENAZZI L, SCHIAVONE A, RUSSO N, et al., 2021. In vivo and in vitro digestibility of an extruded complete dog food containing black soldier fly (*Hermetia illucens*) larvae meal as protein source[J]. Frontiers in Veterinary Science, 8: 653411.

PHUNGVIWATNIKUL T, LEE A H, BELCHIK S E, et al., 2022. Weight loss and high–protein, high–fiber diet consumption impact blood metabolite profiles, body composition, voluntary physical activity, fecal microbiota, and fecal metabolites of adult dogs[J]. Journal of Animal Science, 100(2): skab379.

SMITH S C, ALDRICH C G, 2023. Evaluation of corn–fermented protein as a dietary ingredient in extruded dog and cat diets[J]. Translational Animal Science, 7(1): txad032.

第三节 脂 肪

宠物日粮中脂肪的来源包括动物源和植物源，前者包括陆地及水产动物体内储存的脂质，如目前常用的鸡油、鸭油、鱼油等，后者包括大豆油、玉米油等。植物中的油脂主要是由甘油三酯组成，大部分存在于种子、果实中。日粮脂质由游离脂肪酸与甘油结合成甘油三酯或磷脂，或来源于植物或动物的醇类结合，如胆固醇或视黄醇等。其不仅为宠物提供了能量来源，同时也提供了脂肪酸。脂肪酸是保证细胞基本功能的重要组成。除此之外，脂肪还可以作为脂溶性维生素的载体，改善日粮的适口性。脂肪酸包括必需脂肪酸和非必需脂肪酸。犬猫可以自己合成非必需脂肪酸，不需要通过日粮额外补充，而必需脂肪酸是维持犬猫正常生长和生理完整性所必需的，并且犬猫不能自己合成，必须通过日粮获得。

一、脂肪酸的分类与来源

脂肪酸按照碳链长短，又可分为短链脂肪酸、中链脂肪酸和长链脂肪酸，其中短链脂肪酸的碳原子数少于 6，中链脂肪酸的碳原子数为 6 ～ 12，长链脂肪酸的碳原子数大于 12。按照饱和程度，脂肪酸又可分为饱和脂肪酸和不饱和脂肪酸，前者没有不饱和键，常存在于油脂中，动植物油脂中最常见的饱和脂肪酸有丁酸、己酸、十六酸（软脂酸）、十八酸（硬脂酸）、十二酸（月桂酸）、十四酸（豆蔻酸）和二十酸（花生酸）等；不饱和脂肪酸大多为植物油，如玉米油、花生油、豆油、菜籽油等，又分为单不饱和脂肪酸和多不饱和脂肪酸，单不饱和脂肪酸是指只有一个不饱和键，如棕榈油酸、菜籽油酸；多不饱和脂肪酸以亚麻酸、亚油酸和油酸最为常见（表 1–1）。

不饱和脂肪酸又分为 n–6 脂肪酸和 n–3 脂肪酸。其中，前者主要包括亚油酸（LA）、γ – 亚麻酸（GLA）、乙基 γ – 亚麻酸（DGLA）、花生四烯酸（AA），后者主要包括 α – 亚麻酸（ALA）、二十碳五烯酸（EPA）、二十二碳五烯酸（DPA）、二十二碳六烯酸（DHA）。不同物质中含有的脂肪酸差别较大，其中海洋生物油是 EPA 和 DHA 的重要来源。

表 1–1　脂肪酸的来源和功能

分类	脂肪酸种类	日粮来源	生理功能
n–3 脂肪酸	α – 亚麻酸 ALA	亚麻籽、南瓜子、豆油、亚麻籽油或紫苏油	缓解炎症反应、促进眼睛发育
	二十碳五烯酸 EPA	深海鱼	治疗特异性皮炎、关节炎、自身免疫疾病，补充类维生素 A
	二十二碳五烯酸 DPA	深海鱼、海洋哺乳动物、母乳	减少血小板聚集，改善脂质代谢，促进内皮细胞迁移和慢性炎症的消退
	二十二碳六烯酸 DHA	深海鱼	治疗特异性皮炎、补充类维生素 A
n–6 脂肪酸	亚油酸 LA	葵花籽油、红花籽油、豆油、月见草油、玉米油	缺乏会导致皮肤干燥、毛发粗糙、脂溢性皮炎等
	花生四烯酸 AA	深海鱼	缺乏会导致皮炎严重

除了上述常规来源，科学家们也在努力寻找其他来源的脂肪酸并证明其安全性。Burron 等（2021）将亚麻荠籽油与菜籽油和亚麻籽油进行了对照，通过在犬上的试验发现，不同脂肪酸处理组犬的体重、身体状况评分、食物摄入量、血液学和生物化学分析均无明显差异，说明亚麻荠籽油用于犬类营养是安全的。

二、犬猫脂肪营养的研究进展

（一）犬猫脂肪营养的需要量

我国在 2014 年颁布了全价宠物食品犬猫粮的国家标准（GB/T 31216—2014 和 GB/T 31217—2014），国外犬猫营养需要标准主要为 NRC、AAFCO 和 FEDIAF 标准。具体相关脂肪营养需要标准见表 1–2。如表 1–2 所示，犬猫对不同来源脂肪的最低营养需要标准不同，NRC 和 FEDIAF 涉及的脂肪相关营养指标较多。国标的粗脂肪营养指标基本与 AAFCO 一致。

表 1–2　不同标准体系成年犬猫脂肪相关营养标准

标准体系	营养成分	犬	猫
AAFCO/ 干物质	粗脂肪 /%	5.5 ～ 8.5	9.0
	亚油酸 /%	1.1 ～ 1.3	0.6
	花生四烯酸 /%	—	0.02

续表

标准体系	营养成分	犬	猫
NRC/ 1 000 kcal* ME	总脂肪 /g	13.8	22.5
	脂肪酸 /g	—	—
	亚油酸 /g	2.8	1.4
	α－亚麻酸 /g	0.11	—
	花生四烯酸 /g	—	0.015
	二十碳五烯酸 & 二十二碳六烯酸 /g	0.11	0.025
FEDIAF/ 1 000 kcal ME	总脂肪 /g	21.25	22.5
	亚油酸 /g	3.25	1.38
	花生四烯酸 /mg	75.0	50.0
	α－亚麻酸 /g	0.20	0.05
	二十二碳六烯酸 & 二十碳五烯酸 /g	0.13	0.03
国标	粗脂肪 /%	5.0	9.0

注：*，1 kcal=4.18 KJ。

从表 1–2 中可以看出，犬猫日粮中的脂肪含量要求不同，猫要高于犬。而对于同一种动物，其不同时期对脂肪的需要量也是不同的。犬对于脂肪的来源适应能力较强，但相较于植物源油脂，犬更偏爱动物源油脂。从 AAFCO 脂肪需要量也可以看出，犬对于脂肪有较为宽泛的适应范围，即在 5.5% ～ 8.5%，但这也取决于所用脂肪的种类和其他营养指标的供给浓度。有时候，在满足必需氨基酸用量的前提下，即使是 5.5% 脂肪含量的干粮，也有可能满足动物的营养需要。但是，在动物油脂里，牛油较为特殊，由于其亚油酸含量较低，所以为了营养搭配，建议与含有亚油酸的油脂，诸如玉米油共同使用。在选择脂肪时也要注意脂肪的质量，酸败的脂肪可能会导致犬出现维生素 E 缺乏症，体重和体脂下降，甚至会出现免疫功能的改变。

犬粮总脂肪的安全上限大概为 70%ME（代谢能），或者 82.5 g/1 000 kcal ME。犬对高脂饮食有一定的耐受能力，这也是部分粮食中降低蛋白质含量、提高脂肪含量可行的原因之一。因蛋白质替代也有一定的限度，持续高脂饮食可能也会导致高胆固醇血症的发生，许多健康犬粮的范围基本在 22 ～ 60 g/1 000 kcal ME。犬在妊娠期和泌乳期对脂肪的需要量要高于维持需要量。

猫对脂肪比犬有着更高的需求，尤其是幼猫，高脂猫粮比低脂猫粮往往有更好的适口性。成猫对于牛油、鸡油和植物油等并无特殊的偏好性。脂肪的类型和含量会影响幼猫的生长。MacDonald（1985）等研究表明，脂肪含量 25% 的日粮更有利于幼猫的生长，同样含量的氢化植物油对于幼猫而言，适口性较差，不利于幼猫的健康生长，说明幼猫对脂肪的类型更偏好于动物源油脂。在只含有氢化植物油猫粮里增加红花油或鸡油等，便可以提高日粮的适口性。将脂肪含量提高至35%，则氢化植物油和牛油并无明显的适口性差异。

（二）脂肪与宠物营养

1. 消化率

粗脂肪在宠物体内的表观消化率通常很高。脂肪消化率可能与脂肪含量、类型、饲粮营养成分、动物本身健康状况、年龄等都有一定的关系。而幼犬的脂肪消化率可能与日粮中不饱和脂肪酸的含量高度相关。当不饱和脂肪酸的含量小于总脂肪的40%时，脂肪消化率为81%～86%，但当其超过总脂肪的50%时，其消化率高达90%以上，说明对于幼犬而言，脂肪消化率与日粮中不饱和脂肪酸的含量呈正相关。此外，脂肪消化率与脂肪酸的类型也有密切关系。Peachey（1999）研究对比了饱和脂肪酸、单不饱和脂肪酸和多不饱和脂肪酸在幼猫和老年猫上的消化率，结果表明，对于幼猫和老年猫而言，饱和脂肪酸的表观消化率最低（幼猫95.2%，老年猫93.2%），单不饱和脂肪酸的表观消化率稍高（幼猫98.2%，老年猫96.4%），而多不饱和脂肪酸消化率最高（幼猫98.7%，老年猫98.0%），说明随着年龄的增加，任何类型的脂肪酸消化率都会表现出降低的趋势。Den Besten等（2013）和Chang等（2014）研究表明短链脂肪酸比长链脂肪酸更容易消化。

2. 生长发育

哺乳动物的视网膜较其他组织发育程度不同。犬科动物的视网膜大部分是在出生后发育，大脑显著发育的阶段要早于新生儿早期。因为在细胞高峰期之后，会形成髓鞘，而此阶段需要大量的长链不饱和脂肪酸来支持神经组织的发育。因此对于犬猫而言，尤其是早期的脂类营养，对于生长发育是极为重要的。在妊娠期或泌乳期，如果DHA减少，可能会导致神经组织发育不全，因此，在妊娠期和泌乳期，一定要确保母体有适量的必需脂肪酸、长链不饱和脂肪酸等，以确保正常发育。除了视网膜发育，脂肪酸对血管发育和血管流速也极为重要。

（三）脂肪酸的研究进展

1. 犬猫脂肪酸的需要量研究

在脂肪酸需要量方面，犬猫需要量和需要的种类是有着明显差异的，犬主要是需要亚油酸和α-亚麻酸（ALA），猫主要需要亚油酸和花生四烯酸（Macdonald et al., 1984）。所以在日粮配制的时候要格外注意必需脂肪酸的补充。大多数由于脂肪酸缺乏引起的器官病理性改变可以通过饲粮中添加亚油酸来预防。亚油酸满足必需脂肪酸的功能要求，包括膜的结构、脂质运输、被毛状况以及维持表皮渗透性屏障。而花生四烯酸对于猫而言也有着极为重要的功能，如繁殖和血小板聚集等。亚油酸（LA）缺乏，会导致宠物表皮失水率高，从而导致皮毛状况差，甚至脂肪肝。

亚油酸对于犬来说，如果含量过低也会产生负面影响。犬类可以将亚油酸转化成花生四烯酸。研究表明，α－亚麻酸可以为细胞二十碳五烯酸的合成和积累二十二碳五烯酸提供底物。而二十二碳五烯酸是二十二碳六烯酸的重要来源。亚油酸和α－亚麻酸呈竞争性作用，两者比值范围在 2.6 ～ 16。妊娠期和哺乳期对脂肪有较高的需要量，并会影响到哺乳时期乳汁的质量。犬的乳汁中花生四烯酸和二十二碳六烯酸含量与其他哺乳动物含量相近，但乳汁中的脂肪酸含量可能随着饲粮营养的变化而发生改变。

亚油酸对猫有着极为重要的生理作用。成猫对于亚油酸的需要量低于犬，主要是因为猫很少用亚油酸去合成长链多不饱和脂肪酸，但是标准中规定的需要量足以维持成猫的正常生理功能。研究表明，在缺乏必需脂肪酸的日粮中补充 5% 的红花油，发现猫的血浆和肝脏中有较高的亚油酸类似物，表明亚油酸可以在体内积累，但并没有这方面的负面作用的相关报道。也有研究将红花籽油和金枪鱼油联合使用，以便研究猫对 EFA 的需要量，据 Macdonald（1983）的研究发现，亚油酸降低会导致成猫毛发不佳，甚至脂肪肝，但是如果添加亚油酸则可以预防这些现象的发生，但金枪鱼油并无此影响，该研究也说明，亚油酸作为必需脂肪酸，除了可以转化成花生四烯酸外，还有其更为特殊的功能。目前一些猫粮中亚油酸的范围在 32 ～ 60 g/kg。目前尚无猫科动物对α－亚麻酸有代谢需要的相关数据。猫对于花生四烯酸的营养需求并不高，这可能是由于很多成猫体内可以利用亚油酸转化成花生四烯酸。但虽然如此，在添加脂肪酸的时候，除了补充 n–3 脂肪酸，花生四烯酸的补充也是有必要的。二十碳五烯酸和二十二碳六烯酸也有相关研究（Dahms et al.，2021；Vuorinen et al.，2020），该研究是选用含有 50% 二十碳五烯酸和二十二碳六烯酸的藻油在母猫上进行研究，从妊娠前一直到幼猫达到 32 周龄，结果表明，脂肪酸对母猫和幼猫的整体健康状况、生理参数、采食量和体重方面并无显著的影响。与对照组相比，两代猫在血液生化等方面也未观察到有明显的变化，但两代猫的二十碳五烯酸和二十二碳六烯酸血浆水平呈剂量依赖性增加，证明了脂肪酸的生物学利用率。该项研究表明，猫粮中添加 3.0% 的二十碳五烯酸和二十二碳六烯酸是安全的，也从侧面证明了这两种脂肪酸可作为猫生长和繁殖的来源。

2. n–6 脂肪酸和 n–3 脂肪酸的比例研究

当前研究表明，n–6 脂肪酸和 n–3 脂肪酸两种类型脂肪酸的比例较为重要，一般前者的添加比例要高于后者，研究表明，两者较佳比例有 5∶1、10∶1、15∶1 等。目前，有用单一水生生物来源的亚油酸和α－亚麻酸来研究两者比例，有用植物来源研究两者的最佳比例，甚至有用动物和植物来源混合物来研究比例。但如果用混合物来研究这个比例，计算方法更为复杂。有研究学者认为每一类脂肪酸应该单独考虑其比例（表 1–3）。

表 1–3　n–6 脂肪酸和 n–3 脂肪酸的比例研究

序号	试验内容	试验结果	参考文献
1	n–6 脂肪酸和 n–3 脂肪酸的比例设定分别是 5∶1，10∶1，25∶1，50∶1 和 100∶1，研究其在犬上的应用	5∶1 和 10∶1 效果较好	Vaughn et al., 1994
2	n–6 脂肪酸∶n–3 脂肪酸	3.5∶1	Finet et al., 2023
3	对照组 2∶1，处理组 7∶1	证明脂肪酸代谢异常与猫的获得性白质脑脊髓病的发病有一定关系	Van den Ingh et al., 2019

3. 脂肪酸的功能研究

脂肪和脂肪酸对宠物起着极为重要的作用。脂肪的总脂肪、LA 和其他脂肪酸可以提高食物的适口性，改变被毛光泽。脂肪酸对细胞膜的流动性及细胞的功能，包括运输、代谢等都有极为重要的作用。

脂肪酸具有一定的抗氧化作用。Pacheco 等（2018）研究表明，通过添加 EPA 等，可以减轻宠物的炎症。用 DHA 和天然藻类抗氧化剂的混合物饲喂成犬，并观察其氧化应激标志物的变化，主要采用饱和（13% 牛脂）和不饱和（13% 富含 DHA 的大豆油）两种脂源，研究发现，大多数氧化物标记物并无显著差异。使用牛油处理组的 GST 活性显著高于富含豆油处理组（$P < 0.05$）。结果表明，脂肪酸不足以引起抗氧化指标有较大变化，但是也能起到一定的改善效果。

脂肪酸具有抗菌作用。研究表明，使用中链脂肪酸（MCFA）可以减少宠物食品中的鼠伤寒沙门氏菌（Dhakal et al.，2020）。MCFA 对鼠伤寒沙门氏菌（ATCC 14028）有一定的抗菌作用。同时，MCFA 对革兰氏阳性病原体（如单核增生乳杆菌、产气荚膜梭菌和金黄色葡萄球菌）具有显著的杀菌作用，而对肠道共生菌没有抑制作用。当日粮中添加 MCFA 时，这对于维持犬的结肠微生物生态非常重要。将 MCFA 添加到食物中对犬的微生物群的影响有待进一步研究。虽然对控制沙门菌有效，但在犬干粮上涂上 MCFA 并没有提高犬粮的适口性。

（1）脂肪酸与毛发健康

免疫异常和表皮屏障缺陷可能在犬特应性皮炎（CAD）的发病机制中起重要作用（Schumann et al.，2014；Müller et al.，2016），口服多不饱和脂肪酸（PUFAs）可能影响表皮屏障作用（Blaskovic et al.，2014）。李雪娇等（2022）研究表明，脂肪酸与宠物毛发健康有一定相关性。n–3 脂肪酸和 n–6 脂肪酸对于特异性皮炎有一定的改善作用（Bensignor et al.，2008）。脂肪酸组与抗生素使用组无明显差异，说明脂肪酸的使用可以有效缓解犬的特应性皮炎。越来越多的研究发现 n–3 脂肪酸可用于改善宠物毛发健康（Combarros et al.，2020），其改善宠物毛发健康的机制可能是通过调控血管内皮生长因子（VEGF）表达毛发生长所需的营养物质，具体为：促进成纤维细胞生长因子（FGF18）高表达，促进毛囊从静止期向生长期过渡，进而促进毛发生长；下调 NADPH 氧化酶 2（NOX2）蛋白水平和上调谷胱甘肽（GSH）和超氧化物歧化酶（SOD）水平，减少活性氧（ROS）产生和提高自身的抗氧化能力，进而防止氧化应激引起的毛囊衰老，防止毛发出现脱落、枯燥、无光泽等情况；促进皮肤表面胆固醇、神经酰胺两种脂质的生成，促进表皮屏障修复，防止表皮屏障受损。

EPA 和 LA 可以对犬角质形成细胞中表皮神经酰胺产生一定的影响（Yoon et al.，2020），EPA 和 LA 可以潜在改变皮肤的特征，这可能有助于改善犬皮肤的表皮障碍功能。也有研究通过对犬角质层脂质的影响，研究 LA 对犬毛发的变化。饲喂高浓度 LA 的犬，犬角质层中 LA 和游离神经酰胺的含量均大量增加，说明 LA 确实对皮肤和毛发有一定的改善作用。DHA 在犬的生长和生理完整性以及改善皮肤和皮毛状况方面发挥作用。

有研究将 PUFAs 与精油做成涂抹制剂联合使用，与对照组相比，含有 PUFAs 和精油的局部制剂是一种安全的治疗方法，有利于改善犬特应性皮炎的临床体征。

（2）脂肪酸与行为障碍

犬患上行为障碍的概率可能取决于包括营养在内的诸多因素。Rahimi-Niyyat 等（2018）研究了 EPA 和 DHA 对有行为障碍的犬的治疗效果。每天口服剂量为 330 mg EPA 和 480 mg DHA，此外补充镁和锌的营养补充剂，研究发现，使用 EPA 和 DHA，可以显著降低恐惧严重程度（$P = 0.0083$）、破坏性（$P = 0.002$）和不适当消除（$P < 0.001$）的中位数得分，此报道支持了 n-3 脂肪酸可能会改善宠物行为障碍的假设。

裂壶藻（*Schizochytrium* sp.）是 n-3 脂肪酸的丰富来源，富含 DHA。有人研究该藻类对于老年犬的认知功能的影响。通过 25 周的试验发现，DHA 组视觉和可变对比辨别明显改善（Dillon et al.，2021；Hadley et al.，2017）。

（3）脂肪酸与关节健康

犬骨关节炎（OA）是一种普遍而又严重的疾病，其最常见的治疗方法是服用非甾体类抗炎药物。目前人们认为，在犬粮中补充鱼油可以改善犬患关节炎的临床症状。n-3 脂肪酸已被临床证明可以减缓犬骨关节炎的临床症状（Adler et al.，2018；Mehler et al.，2016.）。每天补充 EPA 和 DHA（69 mg EPA+DHA/kg/d），可以有效缓解临床症状。将犬软骨细胞分别加入 EPA、DHA、AA，并用布洛芬作为阳性对照孵育 6 d，补充后，用 IL-1 刺激细胞 48 h，以诱导骨关节炎的变化，结果发现 IL-1 的刺激引起大多数炎症标志物的显著增加（Buddhachat et al.，2017）。其调控机理主要是 EPA 降低了 IL-1 诱导的 iNOS 基因表达和对应的 NO 生成；AA 降低了 iNOS 和 NO 的生成，并进一步降低了相关酶的基因表达，同时，AA 也上调了聚合酶，增加了 PGE 的释放。这也从侧面反映需要重视 n–3 脂肪酸和 n–6 脂肪酸的比例配比。

有研究者专门对 n–3 海洋生物来源的不饱和脂肪酸进行研究，包括鱼油、磷虾油和绿唇贻贝对软骨降解的保护作用，并用 DHA 和 EPA 作对照，结果发现，DHA、EPA 和三种 n–3 脂肪酸来源均可以通过降低硫代糖胺聚糖的增加，并保持糖醛酸和强脯氨酸含量，来抑制细胞因子（IL–1β）诱导软骨外植体中基质降解，这些添加剂不能降低 IL–1β 诱导的 IL–1b 和 TNF–α（肿瘤坏死因子）的表达，但能够下调分解代谢基因 *MMP1*、*MMP3* 和 *MMP13* 的表达，上调合成基因 *AGG* 和 *COL2A1* 的表达。其中，鱼油和磷虾油更为有效。鱼油和磷虾油对蛋白多糖和胶原蛋白的保护作用也优于绿唇贻贝，说明鱼油和磷虾油可以作为软管保护剂的有效来源（Buddhachat et al., 2017）。

（4）脂肪酸与繁殖性能

EPA 和 DHA 对窝产仔数或幼犬活力和存活指数没有不利影响，生存能力和生存指数通常高于正常饲料，DHA 和 EPA 是胎儿和幼犬最佳发育所必需的。添加少量的 EPA 和 DHA 断奶前的身高和头围普遍增加。长期食用富含 EPA 和 DHA 的饮食可能会降低血小板活化和功能，但对犬的血小板聚集基本没有影响，临床中未观察到血小板的凝血参数和活性的变化。

除了 EPA 和 DHA，花生四烯酸（AA）口服补充剂也能显著改善猫的繁殖性能。

（5）脂肪酸与肥胖

脂肪酸可以改善犬猫肥胖。Kumar 等（2016）研究发现，与皮下脂肪组织相比，内脏组织中 IL–6 的基础分泌量更高，AA 对 IL–6 的分泌有刺激作用，EPA 对猫脂肪组织中 TNF–α 有刺激作用。

（6）脂肪酸与心脏健康

临床诊断为慢性心力衰竭和淋巴瘤的犬及患有过敏性皮炎的猫在饲喂 n–3 脂肪酸后也有一定的改善。动物营养在包括心力衰竭在内的许多疾病的治疗中起着重要作用。在过去的几十年，n–3 脂肪酸被证明可用于抗犬的心律失常（Belevych et al., 2013）。有研究者对二尖瓣变性导致心力衰竭的犬喂食 6 个月富含不饱和脂肪酸（来自海洋生物）的日粮是否会影响犬的代谢特征和临床状态进行了研究，结果显示，两组动物的临床、心脏学、血液学和生化指标均无差异。随着时间的推移，代谢组学变化更为明显。饲喂富含 DHA 和 EPA（来自海洋生物）的饲料 6 个月后，甘油酰胆碱和黄嘌呤水平有利降低，但乳酸和呋喃的不利增加和丙氨酸的减少并没有停止，说明 DHA 和 DPA 可以在一定程度上改善犬的心力衰竭的状态。

Bonilla 等（2016）用心肌梗死后心室颤动（VF）的犬模型进行了研究，结果发现，n–3 脂肪酸可增加 VF– 肌细胞 Ca^{2+} 瞬态振幅的搏动变化，增加心肌细胞对心肌梗死后 VF– 心脏细胞心律失常的脆弱性。

（7）脂肪酸与犬猫临床疾病

目前，脂肪酸在临床上取得了广泛的应用效果。其中，EPA 和 DHA 起着极为重要的作用。在干燥性角膜结膜炎、牙周病、癫痫等多种疾病上均发现 EPA 和 DHA 具有治疗的作用。EPA 和 DHA 补充剂在辅助治疗犬和猫的各种肿瘤性和非肿瘤性疾病方面已被证实有益（Magalhães et al.，2021）。

犬气管塌陷是一种进行性疾病，发生在小品种犬引起的慢性炎症的气管黏膜衬里。多不饱和脂肪酸 EAB–277（R）是一种具有减轻炎症和氧化应激作用的营养保健品。EAB–277（R）通过减少气管塌陷犬的氧化应激和炎症，改善临床症状，减轻 HRV 损伤。

PUFAs，包括 AA、DHA 和 EPA，被代谢成各种脂质介质。排泄到尿液中的这些脂质代谢物反映了身体的炎症状态和疾病状况。在这项研究中，我们用液相色谱 – 串联质谱法定量分析了脾肿物犬尿液样本中的 156 种脂质。我们发现，与健康犬相比，脾肿物犬尿液样本中前列腺素（PG）E–2、F–2 α 和 D2、8–iso–PGF（3 α）、溶血小板活化因子和 14,15– 白三烯 C–4 的代谢物显著增加。这些观察结果可能反映了一般的炎症反应，并将有助于更好地了解犬脾肿块（Kida et al.，2022）。

膳食补充 n–3 脂肪酸可防止肾小球滤过率恶化并保留肾脏结构（Brown et al.，1998）。这些模型研究的结果表明，膳食多不饱和脂肪酸补充剂可能会改变犬的肾脏血流动力学和长期肾损伤过程，似乎有必要进行临床试验，以解决膳食 n–3 脂肪酸补充剂对各种自发性肾脏疾病的潜在益处。

牙周病也是困扰犬猫牙齿健康的重要问题之一，尤其是对于老年犬猫来说。有研究用 EPA 和 DHA 在患有牙周炎的成犬上进行验证，发现各处理组之间并无显著差异，说明补充 EPA 和 DHA 并不会缓解牙龈炎的发展（Lourenço et al.，2018）。

癫痫是犬类最常见的脑部疾病，据报道，饮食对犬癫痫发作活动和行为有积极影响（Berk et al.，2019；Degiorgio et al.，2016）。经典的高脂肪生酮饮食和中链甘油三酯（MCT）已成功用于治疗癫痫。有研究对 MCT 膳食补充剂进行了相关研究，为 MCT 可以用于治疗犬癫痫提供了一定的理论依据。n–3 脂肪酸，如鱼油或磷虾油，也是广泛用于降低甘油三酯和促进心血管健康的补充剂。n–3 脂肪酸在癫痫模型中得到了广泛应用，低剂量与中剂量的 n–3 脂肪酸可以减少癫痫发作，使其成为治疗耐药性典型的一种替代疗法。

淋巴瘤是犬最常见的肿瘤之一，与人具有相似的发病机理和治疗反应。抗癌药物如长春新碱（VCR）和多柔比星（DOX）常用于治疗淋巴瘤。然而，由于化疗的耐药性问题，导致治愈率较低。硬脂酸（SDA）作为一种基于植物源的脂肪酸，被用来研究对肿瘤的临床作用，结果表明 SDA 可以作为一种膳食补充剂与化疗联合使用，获得更好的抗肿瘤效果（Pondugula et al.，2015）。

参考文献

李雪娇，俞剑鑫，王鹏，等，2023. ω-3 多不饱和脂肪酸改善宠物毛发的应用及机理 [J]. 饲料工业，44(19):104–107.

ADLER N, SCHOENIGER A, FUHRMANN H, 2018. Polyunsaturated fatty acids influence inflammatory markers in a cellular model for canine osteoarthritis[J]. Journal of Animal Physiology and Animal Nutrition (Berl), 102(2):e623–e632.

BELEVYCH A E, HO H T, TERENTYEVA R, et al., 2013. Dietary omega-3 fatty acids promote arrhythmogenic remodeling of cellular Ca^{2+} handling in a postinfarction model of sudden cardiac death[J]. PLoS ONE, 8(10):e78414.

BENSIGNOR E, MORGAN D M, NUTTALL T, 2008. Efficacy of an essential fatty acid-enriched diet in managing canine atopic dermatitis: a randomized, single-blinded, cross-over study[J]. Veterinary Dermatology, 19(3):156–162.

BERK B A, PACKER R M A, LAW T H, et al., 2019. A double-blinded randomised dietary supplement crossover trial design to investigate the short-term influence of medium chain fatty acid (MCT) supplement on canine idiopathic epilepsy: study protocol[J]. BMC Veterinary Research, 15(1):181.

BLASKOVIC M, ROSENKRANTZ W, NEUBER A, et al., 2014. The effect of a spot-on formulation containing polyunsaturated fatty acids and essential oils on dogs with atopic dermatitis[J]. Veterinary Journal, 199(1):39–43.

BONILLA I M, NISHIJIMA Y, VARGAS-PINTO P, et al., 2016. Chronic omega-3 polyunsaturated fatty acid treatment variably affects cellular repolarization in a healed post-MI arrhythmia model[J]. Frontiers in Physiology, 14(7):225.

BROWN S A, FINCO D R, BROWN C A, 1998. Is there a role for dietary polyunsaturated fatty acid supplementation in canine renal disease [J]. Journal of Nutrition, 128(12 Suppl):2765S–2767S.

BUDDHACHAT K, SIENGDEE P, CHOMDEJ S, et al., 2017. Effects of different omega-3 sources, fish oil, krill oil, and green-lipped mussel against cytokine-mediated canine cartilage degradation[J]. In Vitro Cellular and Development Biology- Animal, 53(5):448–457.

BURRON S, RICHARDS T, PATTERSON K, et al., 2021. Safety of dietary camelina oil supplementation in healthy, adult dogs[J]. Animals (Basel), 11(9):2603.

CHANG H, JEONGHO P, MYUNGHOO K, 2014. Gut microbiota-derived short-chain fatty acids, cells, and inflammation[J]. Immune Network, 14(6):277–288.

COMBARROS D, CASTILLA-CASTAÑO E, LECRU L A, et al., 2020. A prospective, randomized, double blind, placebo-controlled evaluation of the effects of an n-3 essential fatty acids supplement (Agepi® ω3) on clinical signs, and fatty acid concentrations in the erythrocyte membrane, hair shafts and skin surface of dogs with poor quality coats[J]. Prostaglandins Leukot Essent Fatty Acids, 159:102–140.

DAHMS I, BAILEY-HALL E, SYLVESTER E, et al., 2021. Correction: safety of a novel feed ingredient, algal oil containing EPA and DHA, in a gestation–lactation–growth feeding study in Beagle dogs[J]. PLoS ONE, 28,16(1):e0246487.

DEGIORGIO C M, TAHA A Y, 2016. Omega–3 fatty acids (ω–3 fatty acids) in epilepsy: animal models and human clinical trials[J]. Expert Review of Neurotherapeutics, 16(10):1141–1145.

DEN BESTEN G, VAN EUNEN K, GROEN A K, et al., 2013. The role of shortchain fatty acids in the interplay between diet, gut microbiota, and host energy metabolism[J].Journal of Lipid Research, 54(9):23252340.

DHAKAL J, ALDRICH C G, 2020. Use of medium chain fatty acids to mitigate salmonella typhimurium (ATCC 14028) on dry pet food kibbles[J]. Jounal of Food Protection, 83(9):1505–1511.

DILLON G P, CARDINALL C, KEEGAN J, et al., 2021. The analysis of docosahexaenoic acid (DHA) in dried dog food enriched with an aurantiochytrium limacinum biomass: matrix extension validation and verification of AOAC method 996.06[J]. Journal of AOAC International, 104(1):68–77.

FINET S, HE F, UTTERBACK P L, et al., 2019. Nutrient profile,amino acid digestibility,true metabolizable energy,and indispensable amino acid scoring of whole hemp seeds for use in canine and feline diets[J].Journal of Animal Science,101:1–8.

HADLEY K B, BAUER J, MILGRAM N W, 2017 . The oil–rich alga *Schizochytrium* sp. as a dietary source of docosahexaenoic acid improves shape discrimination learning associated with visual processing in a canine model of senescence[J]. Prostaglandins Leukot Essent Fatty Acids, 118:10–18.

KIDA T, YAMAZAKI A, NAKAMURA T, et al., 2022. Urinary lipid production profile in canine patients with splenic mass[J].Journal of Veterinary Medical Science, 84(11):1480–1484.

KUMAR P, PRAJAPATI B, MISHRA P K, et al., 2016. Influence of gut microbiota on inflammation and pathogenesis of sugar rich diet induced diabetes[J]. Immune Research, 12(1): 109–119.

LOURENÇO A L, BOOIJ–VRIELING H E, VOSSEBELD C B, et al., 2018. The effect of dietary corn oil and fish oil supplementation in dogs with naturally occurring gingivitis[J]. Journal of Animal Physiology and Animal Nutrition (Berl), 102(5):1382–1389.

MACDONALD M L, ANDERSON B C, ROGERS Q R, et al.,1984. Essential fatty acid requirements of cats: pathology of essential fatty acid deficiency[J]. American Journal of Veterinary Research, 45(7):1310–1317.

MACDONALD M L, ROGERS Q R, MORRIS J G, 1983. Role of linoleate as an essential fatty acid for the cat independent of arachidonate synthesis[J]. Journal of Nutrition, 113(7):1422–1433.

MACDONALD M L, ROGERS Q R, MORRIS J G, 1985. Aversion of the cat to dietary medium–chain triglycerides and caprylic acid[J]. Physiology & Behavior, 35: 371–375.

MACDONALD M L, ROGERS Q R, MORRIS J G, et al.,1984. Effects of linoleate and arachidonate deficiencies on reproduction and spermatogenesis in the cat[J]. Journal of Nutrition, 114(4):719–726.

MAGALHÃES T R, LOURENÇO A L, GREGÓRIO H, et al., 2021. Therapeutic effect of EPA/DHA supplementation in neoplastic and non–neoplastic companion animal diseases: a systematic review[J]. In Vivo., 35(3):1419–1436.

MEHLER S J, MAY L R, KING C, et al., 2016. A prospective, randomized, double blind, placebo–controlled evaluation of the effects of eicosapentaenoic acid and docosahexaenoic acid on the clinical signs and erythrocyte membrane polyunsaturated fatty acid concentrations in dogs with osteoarthritis[J]. Prostaglandins Leukot Essent Fatty Acids, 109:1–7.

MÜLLER M R, LINEK M, LÖWENSTEIN C, et al., 2016. Evaluation of cyclosporine–sparing effects of polyunsaturated fatty acids in the treatment of canine atopic dermatitis[J]. Veterinary Journal, 210:77–81.

PACHECO G F E, BORTOLIN R C, CHAVES P R, et al., 2018. Effects of the consumption of polyunsaturated fatty acids on the oxidative status of adult dogs[J]. Journal of Animal Science, 96(11):4590–4598.

PEACHEY S E, DAWSON J M, HARPER E J, 1999. The effect of ageing on nutrient digestibility by cats fed beef tallow–, sunflower oil– or olive oil–enriched diets[J]. Growth Development and Aging, 63: 61–70.

PONDUGULA S R, FERNIANY G, ASHRAF F, et al., 2015. Stearidonic acid, a plant–based dietary fatty acid, enhances the chemosensitivity of canine lymphoid tumor cells[J]. Biochemical and Biophysical Research Communications, 460(4):1002–1007.

RAHIMI–NIYYAT M, AZIZZADEH M, KHOSHNEGAH J, 2018. Effect of supplementation with omega–3 fatty acids, magnesium, and zinc on canine behavioral disorders: results of a pilot study[J]. Top Companion Animl Med, 33(4):150–155.

SCHUMANN J, BASIOUNI S, GÜCK T, et al., 2014. Treating canine atopic dermatitis with unsaturated fatty acids: the role of mast cells and potential mechanisms of action[J].Journal of Animal Physiology and Animal Nutrition (Berl), 98(6):1013–1020.

VAUGHN D M, REINHART G A, SWAIM S F, et al.,1994.Evaluation of effects of dietary n–6 to n–3 fatty acid rations on Leukotriene B Synthesis in dog skin and neutrophils[J].Vet Dermatol,5(4):163–173.

VAN DEN INGH T, GRINWIS G C M, CORBEE R J, 2019. Leukoencephalomyelopathy in cats linked to abnormal fatty acid composition of the white matter of the spinal cord and of irradiated dry cat food[J]. Journal of Animal Physiology and Animal Nutrition (Berl), 103: 1556–1563.

VUORINEN A, BAILEY–HALL E, KARAGIANNIS A, et al., 2020. Safety of algal oil containing EPA and DHA in cats during gestation, lactation and growth[J]. Journal of Animal Physiology and Animal Nutrition (Berl), 104(5):1509–1523.

YOON J S, NISHIFUJI K, IWASAKI T, 2020. Supplementation with eicosapentaenoic acid and linoleic acid increases the production of epidermal ceramides in in vitro canine keratinocytes[J]. Veterinary Dermatology, 31(5):419–e112.

第四节　维生素

维生素（Vitamin）是人和动物维持正常生理功能的一类微量有机物质，在动物生长、代谢、发育过程中发挥着重要的作用（Fine，1991）。研究发现，至少有30种不同的化合物被认为是“维生素”，其中20多种维生素已知是生命健康所必需的（Eitenmiller，2016）。

维生素是一类动物不能自身合成，需要由日粮提供的有机化合物。目前已经确定的维生素有14种，按照其溶解性，分为脂溶性维生素（维生素A、维生素D、维生素E、维生素K）和水溶性维生素（B族维生素和维生素C)，其中B族维生素主要包括维生素B_1（硫胺素）、维生素B_2（核黄素）、维生素B_6（吡哆醇）、维生素B_{12}（钴胺素）、维生素B_5（泛酸）、维生素B_3（烟酸）、维生素B_7（生物素）、维生素B_{11}（叶酸）、维生素B_4（胆碱）。

一、脂溶性维生素

脂溶性维生素是指一类可以在脂肪及脂肪溶剂中溶解的维生素，包括维生素A、维生素D、维生素E和维生素K。与水溶性维生素（如维生素C和B族维生素）不同，脂溶性维生素能够在脂质环境中溶解、储存和运输。

（一）维生素A

维生素A有视黄醇、视黄醛和视黄酸三种衍生物，维生素A只存在于动物原料中，植物性原料中含维生素A的前体物质——类胡萝卜素，在动物体内可转变为维生素A，犬可以将β-胡萝卜素转化为维生素A，但是猫缺乏这种功能，必须通过食物补充维生素A。维生素A具有五个主要功能，包括视觉、生长、细胞分化、形态发育和免疫功能。这些功能都可以通过日粮中的视黄醇和视黄醛来维持，因为这两种化合物可以在动物体内相互转化。视黄醛容易被氧化为视黄酸，但动物无法将视黄酸还原为视黄醇。因此，例如视觉和生殖等需要视黄醇来满足的功能，不能通过视黄酸来实现。然而，视黄酸可以满足维生素A的其他功能。

1.维生素A需要量

在大多数关于犬和猫的文献中，维生素A的需要量通常使用国际单位（IU）来表示。然而，这个单位无法准确描述宠物是否能够将胡萝卜素转化为维生素A，人类在这一领域已经逐渐放弃了国际单位，转而使用视黄醇当量（RE）来衡量维生素 A 的活性。通过使用视黄醇当量来表示维生素 A 的活性，可以将 1 RE 的维生素 A 等同于 1 μg 全反视黄醇。相反，1 IU 的维生素 A 相当于 0.344 μg 纯全反视黄醇醋酸酯（即 0.3 μg 全反视黄醇）。不同动物对日粮中胡萝卜素的利用能力存在种类特异性。虽然犬类目前能够有效地从胡萝卜中利用 β－胡萝卜素，但对于视黄醇的等效性尚未得到明确定义。对于猫类来说，视黄醇和 β－胡萝卜素之间的等效性并没有被确定下来。因此，对于猫类而言，1 RE 的维生素 A 等同于 1 μg 全反视黄醇。为了保护视黄醇免受氧化的影响，商业犬猫粮通常添加酯化的视黄醇，并以微胶囊的形式出现，以提高其保护效果。其中一种常见的方法是将视黄醇酯在明胶和淀粉－甘油基质中乳化，并以喷雾的形式喷入具有上升冷空气和淀粉的塔中，以形成微胶囊。蔗糖的添加可以与明胶发生交联，从而降低微胶囊在水中的溶解度，并增加其在后续膨化、干燥和包衣过程中的耐热性和耐摩擦性。加工过程中的损耗与膨化和干燥时的温度直接相关。维生素 A 在储存过程中也容易受到破坏，因此生产商需要在配方中添加过量的维生素 A，以确保最终产品的维生素 A 浓度满足消费者的需求。

2. 维生素 A 缺乏

犬类维生素 A 缺乏的临床症状与其他动物的症状相似。这些症状包括食欲不振、体重减轻、共济失调、干眼症、结膜炎、角膜混浊和溃疡、皮肤损伤、支气管上皮组织变性、肺炎和对传染病的敏感性增加。在幼犬中，缺乏维生素 A 会导致颅骨小孔缺陷，使得耳蜗神经狭窄、耳蜗神经元退化，并伴随着耳蜗轴的骨质增生，包囊内骨膜过度生长，半规管的皮质层上皮细胞和感觉上皮细胞退化，最终导致耳聋。长期的试验性维生素 A 缺乏也会对视力和三叉神经造成类似的损害。长期缺乏维生素 A 会导致猫体重减轻、眼睛浆液渗出、肌无力、组织鳞片化等症状。

3. 维生素 A 过量

猫的维生素 A 过量，大多是因为饲喂大量肝脏为主的日粮造成的，肝脏提供的视黄醇过多时会引起骨骼损害，最终造成骨骼损伤。

AAFCO 和 FEDIAF 推荐的成年犬猫维生素 A 需要量见附表 1。

（二）维生素 D

维生素 D 属于固醇类衍生物，包括维生素 D_2（麦角钙化醇，存在于植物）和维生素 D_3。维生素 D 的作用已被公认理解为其在调节钙稳态和骨代谢中具有重要作用（Berry，2011；Chrisatko，2003；Wehner，2013）。然而，近年来，维生素 D 被发现的生理作用越来越多样化，并且已经证明了多种细胞类型表达维生素 D 受体。目前维生素 D 缺乏已经被认为与犬医学中全身炎症因子有关（Allenspach，2006；Mellanby，2005；Feng，2015）。在犬疾病中，血清维生素 D 状态通常是测定包括高血压、糖尿病、心血管疾病（Kraus，2014；Tamez，2012；Rosen，2012）、癌症、自身免疫性疾病、慢性肠病和感染性疾病（Dandrieu，2013；Grandi，2010；Selthy，2014）的一项指标。在猫科动物中，患有分枝杆菌感染的猫和患有炎症性肠病或小细胞胃肠道淋巴瘤的猫也会观察其维生素 D 状态，更加值得关注的是，血清 25- 羟基维生素 D 浓度也可预测住院猫的短期死亡率（Lalor，2012；Lalor，2014；Melamed，2008）。

1. 维生素 D 需要量

犬猫对维生素 D 的需要量是有差异的。犬类通过食物摄取获得维生素 D。大部分犬种能够通过合成前维生素 D_3（7- 脱氢胆固醇）将其转化为活性维生素 D_3（胆固化醇）。然而，一些犬种（如巴哥犬和松狮犬）因遗传原因，其体内合成活性维生素 D_3 的能力较差，对外源性的维生素 D_3 的需要量可能会增加。因此，一般来说，犬类每千克体重需要为 70 ～ 90 IU 的维生素 D。

与犬类不同，猫类主要依赖于摄取外源性的维生素 D_3。猫类的肝脏缺乏一种特定的酶，这使得它们无法有效地将前维生素 D_3 转化为活性的维生素 D_3。因此，猫必须从食物中获得足够的活性维生素 D_3。猫类每千克体重通常需要为 70 ～ 100 IU 的维生素 D。

无论是犬类还是猫类，维生素 D 的需要量会受到一些因素的影响，例如年龄、生理状态和健康状况等。正常而均衡的饮食能够为犬猫提供所需的维生素 D，多样化的商业宠物食品通常会包含适量的维生素 D。

AAFCO 和 FEDIAF 推荐的成年犬猫维生素 D 需要量见附表 1。

2. 维生素 D 缺乏

维生素 D 是犬猫中最重要的矿物质代谢调节剂之一。现今，慢性肾脏疾病的患病率在全球范围内都在上升（Rown，2013），心血管发病率和过早死亡率以及其经济成本使越来越多人感到担忧（Churilla，2012；Rosa，2013），在猫和犬中也是如此。多年来，犬一直被用作慢性肾脏疾病（CKD）的实验模型，残肾模型极大地促进了人们对肾功能的认识。猫也相同，老年猫会发展为慢性肾小管间质炎症和纤维化，这是慢性肾病的常见原因（Brown，1995；Chakrabarti，2013；Coresh，2007；Finco，1999；Lawson，2018；Polzin，2011）。维生素 D 与纤维细胞生长因子 -23 轴、甲状旁腺激素（PTH）和降钙素一起，在矿物质代谢的调节中起重要作用。矿物质和骨代谢也有着内在的联系；因此，维生素 D 缺乏可能会导致慢性肾脏疾病（Hill，2016；Jha，2013；Watanabe，2007）。

在炎症方面，低维生素 D 状态与犬的炎症标志物有关。有研究表明，维生素 D 缺乏症先前已显示在患有蛋白质丢失性肠病（PLE）的犬中普遍存在（Dossin，2011；Equilino，2015）。犬 PLE 是一种临床综合征，其特征为蛋白质通过肠道丢失（Goodwin，2011；Simmerson，2014）。犬 PLE 有三个主要原因，包括炎症性肠病（IBD）、原发性肠淋巴管扩张症（IL）和肠淋巴瘤（Gow，2011；Okanishi，2014）。除了诊断为肠淋巴瘤的犬（通常显示对化疗的反应差和存活时间短）之外，患有继发于 IBD 或原发性 IL 的 PLE 的犬具有可变的预后。只有少数报告描述了患有 PLE 的犬的前瞻性治疗试验，因为尽管有强烈的免疫抑制和营养治疗方案，患犬死亡率仍很高。可能危及生命的并发症包括顽固性腹泻、极度营养不良和血栓栓塞性疾病（Guard，2015）。

随着越来越多的人认识到维生素 D 对宠物的重要性，未来补充维生素 D 可能会变得更加普遍，需要考虑其补充形式（Mehta，2010；Quraishi，2013）。目前对猫的研究有限，在猫科动物中，维生素 D_2 的生物利用度低于维生素 D_3。

3. 维生素 D 过量

维生素 D 摄入过多也会引起毒性（Kamr，2015；Kriegel，2011）。维生素 D 过多症是指由骨化二醇、骨化三醇、胆钙化醇（维生素 D_3）或麦角钙化醇（维生素 D_2）引起的毒性。猫的医源性原因包括通过膳食补充剂或维生素 D_2、维生素 D_3、维生素 D 代谢物治疗维生素 D 摄入过量。维生素 D 的有毒来源包括某些植物及一些含有胆钙化醇的灭鼠剂和含有维生素 D 类似物的治疗银屑病的外用软膏。与人类相反，猫不会在阳光照射时皮下合成维生素 D。因此，猫依赖于饮食摄入来获得维生素 D，这种营养素通常在宠物食品中补充。食物中的维生素 D 可以以胆钙化醇和麦角钙化醇的形式存在。在肝脏中，胆钙化醇水解为 25- 羟基胆钙化醇（钙二醇），这是维生素 D 的主要循环形式。在肾脏中，25- 羟基胆钙化醇进一步羟基化为 1,25- 二羟基胆钙化醇（骨化三醇），这是维生素 D 的生物活性形式（Stebens，2010）。维生素 D 影响钙和磷酸盐在肠道中的吸收以及在肾脏中的重吸收。因此，过量的维生素 D 无论来源为外源性还是内源性均可导致高钙血症（Finch，2016；Li，1993）。

（三）维生素 E

维生素 E 是由生育酚和生育三烯酚类组成的物质总称。维生素 E 是一种有 8 种形式的脂溶性维生素，即生育酚的 α、β、γ、δ 异构体和生育三烯酚的 α、β、γ、δ 异构体。维生素 E 的主要饮食来源是坚果和食用植物油。α 生育酚和 γ 生育酚分别占消耗的维生素 E 的 60% ～ 70% 和 20% ～ 25%。这些物质主要存在于玉米油、大豆油和花生油中。生育三烯酚的来源是棕榈油、大麦和谷物。

1. 维生素 E 需要量

犬类维生素 E 的每日推荐摄入量为每千克体重 0.5 ～ 3.0 mg。这一范围的推荐摄入量是基于一般成犬的需要。然而，需要注意的是，某些特殊情况下，如生长期、繁殖期、免疫系统受损或临床问题，犬类可能需要更高的维生素 E 摄入量。其中推荐给生长幼犬的维生素 E 允许添加剂量为 22 IU/kg（3.67 kcal/g），即相当于 24 IU/4 000 kcal，且要求日粮中含有不多于 1% 的亚油酸和至少 0.2 mg/kg 的硒。在没有其他数据的条件下，该值可作为成犬和妊娠哺乳犬的理论添加量。猫类维生素 E 的每日推荐摄入量约为每千克体重 1.5 ～ 6.0 mg。猫对维生素 E 的需要量略高于犬类，这是因为猫类对于合成和代谢维生素 E 的能力较差，同时猫对脂肪的需要量也高于犬。同样，特殊情况下如生长期、繁殖期、免疫系统受损或临床问题，猫类可能需要更高的维生素 E 摄入量。

AAFCO 和 FEDIAF 推荐的成年犬猫维生素 E 需要量见附表 1。

2. 维生素 E 缺乏

当犬维生素 E 缺乏时，会产生骨骼肌退化导致肌无力和繁殖障碍以及犬的皮下浮肿、厌食、精神抑郁、呼吸困难最终昏迷。给犬饲喂缺乏维生素 E 的日粮还会导致视黄醇的变质。在猫中，维生素 E 缺乏的主要症状包括精神抑郁、厌食、触摸腹部时疼痛、感觉过敏和脂肪组织结节。在病理学上，维生素 E 缺乏会导致脾脏增大和褐色脂肪组织增多，这是最主要的症状。

由于猫的饮食习性，猫对于维生素 E 缺乏的敏感度要比犬高得多。猫饮食中的主要原料含有比犬粮更多的脂肪。含鱼类配方中拥有更多的长链不饱和脂肪酸，更容易发生过氧化反应。

3. 维生素 E 过量

大量的维生素 E 摄入会破坏犬猫体内其他维生素和矿物质的平衡，特别是过量的维生素 E 可能干扰维生素 A 和维生素 K 的代谢和吸收，同时还会影响犬猫的血液凝固能力，导致出血问题。过量的维生素 E 还会干扰犬猫的免疫系统功能，导致免疫抑制或过度应答。

（四）维生素 K

维生素 K 是 2- 甲基 -1,4- 萘醌及其衍生物的总称。天然存在的维生素 K 活性物质有最重要的维生素 K_1（叶绿醌）和维生素 K_2（甲基苯醌），人工合成的是维生素 K_3（甲苯醌）。维生素 K 主要参与凝血活动，可以催化肝脏中凝血酶原和凝血活素的合成，致使血液凝固；维生素 K 还与钙结合蛋白形成有关，并参与蛋白质和多肽的代谢；此外，维生素 K 还具有利尿、强化肝脏解毒功能等作用。

1. 维生素 K 需要量

犬猫对维生素 K 的需要量相对较低，因为它们可以在肠道内产生一定量的维生素 K。

犬类对维生素 K 的需要量为每千克体重 0.5 ～ 1.5 μg。商业宠物食品通常会提供足够的维生素 K，以满足犬类的需求。健康的犬只通过食物摄入就能满足其基本的维生素 K 需求，通常无需额外补充。

猫类对维生素 K 的需要量为每千克体重 0.1 ～ 0.4 μg。

AAFCO 和 FEDIAF 推荐的成年犬猫维生素 K 需要量见附表 1。

2. 维生素 K 缺乏

据报道，猫误食含有双香豆素的鼠药会导致凝血时间延长。这会导致一系列的临床症状，如脂肪肝、炎性肠病、肝胆管炎和肠炎，从而导致脂质吸收障碍和维生素K缺乏症。这些症状通常与维生素K缺乏相关的维生素K依赖性凝血因子前体蛋白（PIVKAs）升高有关，治疗中使用维生素K可以有效改善症状。

3. 维生素 K 过量

维生素K过量会导致犬猫的血液过度凝血，增加血栓形成的风险。这可能会导致血栓栓塞和其他相关的健康问题；过量的维生素K可能会干扰犬猫体内其他维生素和矿物质的平衡，特别是与维生素E和维生素D之间的相互作用。这可能对犬猫的健康产生不利影响。

二、水溶性维生素

水溶性维生素是生长、发育和机体功能不可缺少的有机分子。水溶性维生素是指一类可以在水中溶解的维生素，包括维生素C、肌醇、胆碱和B族维生素（如维生素B_1、维生素B_2、维生素B_3、维生素B_5、泛酸、维生素B_6、维生素B_7、维生素B_9、叶酸和维生素B_{12}）。维生素C参与胶原蛋白合成和免疫功能，促进铁的吸收和抗氧化。B族维生素参与能量代谢、神经系统功能、红细胞形成等。其主要存在于各种食物中，如新鲜水果、蔬菜、全谷物、豆类和肉类。然而，由于水溶性维生素的易溶性和易失性，加热、长时间浸泡和存储等加工方式可能导致水溶性维生素的流失。

由于微生物群和宠物健康之间的明确联系，人们对饮食对家养犬猫肠道微生物群组成的影响越来越感兴趣（Leblanc，2013）。饮食对肠道微生物群落组成和肠道微生物群功能都有影响（Suchodolski，2017）。虽然维生素可以从各种食物中获得，但一些维生素（如维生素B_1、叶酸和维生素B_{12}）也可以通过体内微生物合成来提供。

（一）维生素 B_1

维生素B_1是第一种被分离出的水溶性维生素，又称硫胺素。维生素B_1的生理功能主要包括两部分：一是以羧化辅酶的成分参与α-丙酮酸的氧化脱羧反应而进入糖代谢和三羧酸循环；二是维持神经组织和心脏的正常功能，影响神经系统能量代谢和脂肪酸的合成。猫和犬无法在自身组织中合成维生素B_1，但可以在消化道中通过微生物发酵合成。

尽管维生素B_1广泛分布于植物和动物器官中，但只有少数食物富含维生素B_1（Laforenza，1993）。富含维生素B_1的食物包括酵母、小麦胚芽、肾脏、肝脏以及豆类种子。在谷物中，维生素B_1的浓度在幼芽中最高，在胚乳中最低。大部分植物中的维生素B_1以非磷酸化的形式存在，然而在动物组织中，大部分（80%～85%）维生素B_1

以焦磷酸硫胺素（TPP）的形式存在，少量以单磷酸盐（TMP）和三磷酸盐（TTP）的形式存在。在动物组织中，非磷酸化形式的硫胺素仅占总硫胺素的 2% ～ 5%。

1. 维生素 B_1 需要量

犬猫对维生素 B_1（硫胺素）的需要量相对较低，犬类对维生素 B_1 的推荐摄入量约为每千克体重 0.22 ～ 0.39 mg；猫类对维生素 B_1 的需要量比犬类更高，成猫摄入量约为每千克体重 0.7 mg，幼猫摄入量约为每千克体重 0.4 mg。

AAFCO 和 FEDIAF 推荐的成年犬猫维生素 B_1 需要量见附表 1。

2. 维生素 B_1 缺乏

有研究把猫的维生素 B_1 缺乏症状分为了三个阶段（Davidson，1992）：第一阶段表现为厌食；第二阶段为以强直收缩为标志的神经症状；第三阶段则是最后阶段，伴随逐渐虚弱、衰竭，直至死亡。第一阶段通常在采食缺乏维生素 B_1 日粮后的 1 ～ 2 周内频繁发生，伴有呕吐。第二阶段的症状包括迷路翻正反射的损害、头部下垂，丧失本能意识。患病猫会使用后腿悬吊来支撑头部向前弯曲，而不是向后曲。头部下垂会导致猫从桌子上跳下时发生翻滚现象。受损的前庭反射包括减弱或缺乏眼球震颤反射以及对光反射的损害或减慢。患病的猫常常表现为瞳孔扩大、共济失调和尾巴直立。

鱼、虾、蟹等生鱼产品中含有硫胺素酶，能分解硫胺素，使之失去生物活性。猫与犬相比对硫胺素的缺乏更敏感，因此，猫对日粮中的硫胺素需求是犬的 4 倍，并且，以鱼为基础的日粮含有活性硫胺素酶，在食品加工前该酶便能破坏添加的硫胺素，从而导致商品猫粮常出现硫胺素缺乏，所以要注意额外添加维生素 B_1。

在饲喂缺乏维生素 B_1 日粮的前两周，猫出现心电图改变，包括窦性心动过缓。维生素 B_1 治疗能迅速纠正心律异常，但是对于心室综合波（QRS 延长和其他变化以及 T 波）的改善反应较慢。

3. 维生素 B_1 过量

摄入过多的维生素 B_1 可能干扰犬猫体内 B 族维生素的平衡，破坏其他维生素的吸收和利用，从而影响整体健康。

（二）维生素 B_2

维生素 B_2（核黄素）味苦，耐热，易被光、碱及重金属破坏，但对酸相当稳定。食品中大多数核黄素是以辅酶的形式存在，需要在肠道中先水解再吸收；以磷酸核黄素和黄素腺嘌呤二核苷酸的形式，参与碳水化合物、蛋白质和脂肪的代谢，是机体生物氧化过程中不可缺少的重要物质，具有促进生长、维持皮肤和黏膜完整性及眼的感光等重要作用。

作为一种水溶性维生素，维生素 B_2 可以以游离核黄素的形式存在于食物和生物组织中。食物中维生素 B_2 的丰富来源为酵母提取物、肝脏、鸡蛋、鸡肉、鹰嘴豆、奶酪、牛奶和绿色蔬菜（USDA，2020）。黄素辅酶核黄素 –5'– 磷酸（FMN）和核黄素 –5'– 腺苷二磷酸（FAD）与食物中的蛋白质非共价结合（Dainty，2007）。FAD 和 FMN 在低胃 pH 值下从蛋白质释放，然后在小肠上部通过刷状缘酶（FMN 磷酸酶和 FAD 焦磷酸酶）水解成游离核黄素。细胞中的核黄素通过 Flavokinase 转化为 FMN，并通过 FAD 合成酶进行可逆反应形成 FAD。FAD 和 FMN 在许多生物化学反应中作为辅酶起作用，例如，在克雷布斯循环中丙酮酸脱羧为乙酰辅酶 A、α – 酮戊二酸脱羧为琥珀酰辅酶 A、脂肪酸的 β – 氧化和琥珀酸氧化为富马酸。FAD 将电子转移至烟酰胺腺嘌呤二核苷酸（NAD）以形成作为电子载体的 NADH。

1. 维生素 B_2 需要量

成犬核黄素日需要量为 70 μg/（kg BW・d）相当于 1.05 mg/1 000 kcal，在没有生长幼犬和妊娠、哺乳母犬相关报道的情况下，推荐核黄素摄入量为 1.05 mg/1 000 kcal。对于猫类，无论是成年、生长幼猫还是哺乳期猫，核黄素日需要量为 800 μg/1 000 kcal，即 4 mg/kg 日粮，能量 5.0 kcal/g，该日粮浓度相当于体重为 4 kg 的成猫每天消耗 ME 250 kcal 时，摄入量为 79 μg/（kg $BW^{0.67}$・d）

AAFCO 和 FEDIAF 推荐的成年犬猫维生素 B_2 需要量见附表 1。

2. 维生素 B_2 缺乏

急性维生素 B_2 缺乏会导致猫的厌食、体重下降、活动减少、体温降低、呼吸减缓、逐渐虚弱、运动失调，甚至突然崩溃成半昏迷状态并可能最终导致死亡。慢性核黄素缺乏则表现为食欲不振、体重下降、肌肉无力、下腹和后肢发生皮炎，并且可能伴随视力受损等症状。通常双眼都会出现视觉损伤，眼睛明显出现角膜混浊，并伴有血管生成，有时还会有水样或脓性排泄物从眼睛中流出。

3. 维生素 B_2 过量

过量的维生素 B_2 可能干扰犬猫体内其他维生素的平衡，影响它们的吸收和利用，从而影响机体健康。

（三）维生素 B_3

维生素 B_3，也被称为烟酸，谷物、豆类、肉类和肉制品是烟酸的主要来源。烟酸缺乏会导致黏膜炎症、皮肤病和腹泻。此外，烟酸具有降脂作用并且主要推荐作为用于降低甘油三酯的辅助剂。结合型烟酸与谷物中的多糖和糖肽结合，并且需要在吸收之前释放。在一些谷物如玉米、小麦和大米中，烟酸的生物利用度非常低，因为它能够与大分子结合。谷物含有高度结合形式的烟酸，而肉类含有高度生物可利用形式的 NAD、NADP 或游离烟酰胺。

1. 维生素 B_3 需要量

生长期幼犬和成犬的烟酸需要量分别为 365 μg/（kg BW・d）和 225 μg/（kg BW・d），

哺乳期母犬的需要量为 450 μg/（kg BW · d）。猫类建议日粮中烟酸最小需要量为 8.0 mg/1 000 kcal ME（含烟酸 40 mg/kg）。

AAFCO 和 FEDIAF 推荐的成年犬猫维生素 B_3 需要量见附表 1。

2. 维生素 B_3 缺乏

犬缺乏维生素 B_3 会导致一系列临床症状，包括厌食、体重下降、上唇内侧的红肿，进一步发展可能会出现口腔和咽部黏膜的炎症和溃疡，以及唇部出现朱红色边缘，分泌过多的黏稠唾液，嘴角流出带血的唾液，伴有恶臭气味。同时，犬还可能经历血性腹泻，导致肠道水分、葡萄糖、钠和钾的吸收减少。猫缺乏烟酸会出现厌食、体温升高、舌部发红、溃疡和充血等临床表现。

3. 维生素 B_3 过量

长期摄入过量的维生素 B_3 会对犬猫的肝脏造成损害，还会导致犬猫的血糖水平上升，尤其是在大剂量和长期摄入的情况下。

（四）维生素 B_5

维生素 B_5（泛酸）是辅酶 A 和酰基载体蛋白的一种组成成分，由动物体通过一系列步骤合成。维生素 B_5 易潮解，微苦，可溶于水，对光和空气稳定。其生理功能主要是作为辅酶 A 的原料，参与碳水化合物、脂肪和蛋白质的代谢；促进脂肪代谢和类固醇的合成；是琥珀酸酶的组成部分；参与血红蛋白中血红素的形成，并参与免疫球蛋白的合成，并与维持动物皮肤和黏膜的正常功能有一定的关系。

1. 维生素维生素 B_5 需要量

AAFCO 和 FEDIAF 推荐的成年犬猫维生素 B_5 需要量见附表 1。

2. 维生素 B_5 缺乏与过量

各种食物途径通常能够提供充足的维生素 B_5，一般不易缺乏。犬缺乏维生素 B_5 出现昏迷、采食量不稳定，胃肠炎、呼吸急促、心率加速、皮炎等症状。猫缺乏维生素 B_5 出现生长受阻、组织学变化、脂肪变化等。犬和猫未见过量报道。

（五）维生素 B_6

维生素 B_6 共有七种形式：吡哆醇（PN）、吡哆醛（PL）、吡哆胺（PM）、吡哆醇 5′– 磷酸（PNP）、吡哆醛 5′– 磷酸（PLP）、吡哆胺 5′– 磷酸和吡哆醇 –5′– β –D 葡萄糖苷（PNG）。PLP 是维生素 B_6 的活性形式，存在于循环中，并作为氨基酸代谢中 100 多种已知酶的辅酶（Kabir，1983）。在其主要获取来源中，动物性食品主要含有 PLP 形式，而植物性食品含有 PNG 形式。

1. 维生素 B_6 需要量

犬类的维生素 B_6 推荐摄入量为每千克体重 0.2 ～ 1.5 mg；猫类对维生素 B_6 的需要

量稍高，推荐摄入量为每千克体重 0.5 ～ 1.5 mg。同样，商业猫粮也会提供充足的维生素 B_6，以满足猫类的需求。

AAFCO 和 FEDIAF 推荐的成年犬猫维生素 B_6 需要量见附表 1。

2. 维生素 B_6 缺乏

犬猫自身无法合成维生素 B_6，因此需要通过饮食获得。维生素 B_6 缺乏会导致皮肤干燥、脱屑，以及毛发无光泽和过度脱落。维生素 B_6 是神经系统正常功能所必需的，缺乏会引起神经炎，从而导致运动协调障碍、肌肉无力、抽搐和行走困难等症状。维生素 B_6 在免疫系统中也起着重要作用。维生素 B_6 缺乏可能降低犬猫的抵抗力，使它们更容易感染疾病。同时引起食欲减退、消化不良和体重下降等问题。

维生素 B_6 缺乏通常与不完整或失衡的饮食有关，例如低质量的商业宠物食品或适当烹调的食物。如果犬猫出现相关症状，特别是在饮食方面存在问题的情况下，要格外注意并及时治疗。

3. 维生素 B_6 过量

摄入过量的维生素 B_6 会导致犬猫出现神经问题，如神经病变和神经炎。它可能引起肢体不协调、步态异常、震颤和迷走神经功能障碍等症状。

（六）叶酸

天然可获得的叶酸存在于蝶呤的结构中，蝶呤与亚甲基桥连接至对氨基苯甲酸，对氨基苯甲酸通过肽键与谷氨酸结合（Verwei，2003）。菠菜、干豆、小扁豆、鹰嘴豆、花椰菜、鸡蛋和谷物是良好的叶酸来源。

1. 叶酸需要量

犬类对叶酸的推荐摄入量为每千卡能量 0.4 ～ 0.5 mg；猫类对叶酸的需要量略高，推荐摄入量为每千卡能量 0.6 ～ 0.75 mg。

AAFCO 和 FEDIAF 推荐的成年犬猫叶酸需要量见附表 1。

2. 叶酸缺乏

猫长期缺乏叶酸会导致生长率下降，血浆铁浓度升高，以及巨幼红细胞贫血（Verwei，2004）。

3. 叶酸过量

高剂量的叶酸摄入会导致犬猫出现胃肠道不适，如腹痛、腹泻和恶心等消化问题。同时长期高剂量摄入叶酸会干扰维生素 B_{12} 的吸收和利用，可能导致维生素 B_{12} 的缺乏症状，如贫血、神经系统问题（Molonon，1980；Ramadan，2014）。

（七）维生素 B_{12}（钴胺素）

维生素 B_{12} 是一种水溶性的含钴 B 族维生素，也称钴胺素。这种维生素是核酸合成和造血的必要催化剂。在哺乳动物中，已知只有两种酶具有钴胺素依赖性：甲硫氨酸合酶，一种甲基转移酶；甲基丙二酰辅酶 A 变位酶，一种异构酶（Kempf，2017）。

钴胺素的主要食物来源是动物产品，植物产品基本上缺乏这种维生素（Markovich，2014）。钴胺素是唯一不存在于植物材料中的 B 族维生素。猫是专性食肉动物；因此，它们对仅存在于动物组织中的营养素具有基本需求。维生素 B_{12} 是这些必需营养素之一，因为它不能被猫合成。然而，似乎少量钴胺素可以由肠道微生物群合成，存在于无法吸收它的区域。

目前，文献中既没有钴胺素的安全上限（饮食中的最大浓度或与不良反应相关的量），也没有猫摄入高剂量导致的毒性报告。因此，健康和喂养良好的猫不太可能出现缺陷。钴胺素具有热不稳定性，烹饪可以使其失活，这取决于温度和食物类型。自制熟食应相应地补充维生素 B_{12}，而生食不应提供，除非达到推荐摄入量（Watanabe，1998）。宠物食品中钴胺素的膳食来源历史上是动物产品，尽管大多数宠物食品含有通过微生物发酵产生的生物可利用的合成钴胺素。对于纯素和素食宠物主人所赞赏的植物性饮食，添加合成钴胺素可以满足动物对维生素的饮食需求（Dodds，2018）。

1. 钴胺素需要量

犬类对钴胺素的摄入量为每千卡能量 0.01 ～ 0.05 μg；猫类对钴胺素的需要量略高，摄入量为每千卡能量 0.02 ～ 0.1 μg（Nishioka，2011）。

AAFCO 和 FEDIAF 推荐的成年犬猫钴胺素需要量见附表 1。

2. 钴胺素缺乏与过量

干扰钴胺素的摄入会导致犬猫产生厌食症，这是一种经常发生在与低钴胺血症相关的疾病状态中的病症（Hanisch，2018；Markovich，2013）。事实上，在猫中，钴胺素的低储存能力和短半衰期使它们容易在短时间内发展为维生素 B_{12} 缺乏症。因此，厌食症应始终被视为病猫低钴胺血症的原因。血清钴胺素升高具有导致犬猫肝脏疾病或肿瘤性疾病的危险（Titmarsh，2015）。猫中与高钴胺血症相关的最常见肿瘤是淋巴瘤、胰腺癌、胆管囊腺瘤和转移性脾肿瘤，但猫中高钴胺血症与肿瘤状况之间相关性的原因尚不清楚（Kather，2020；Trehy，2014）。

未见犬猫过量的报道。

（八）生物素

生物素也被称为维生素 B_7，是一种水溶性维生素。它在细胞代谢过程中发挥着重要作用，参与多种酶的催化反应。生物素对于维持身体的健康和正常功能至关重要。生物素参与多种生化反应，包括脂肪和葡萄糖代谢、氨基酸代谢、DNA 合成和细胞信号传导等。它在体内催化碳酰基的转移，促进能量的释放和生化反应的进行。食物中的许多来源，如家禽、牛肉、鸡蛋、大豆、坚果和鱼类富含生物素。此外，肠道中的细菌也可以合成一定量的生物素供给机体所需。其中，酵母、肝脏、鸡蛋、坚果、大豆和豆制品以及鱼类等是获得生物素的主要来源。

1. 生物素需要量

犬类对生物素的推荐摄入量为每千卡能量 0.04 ～ 0.08 μg；猫类对生物素的需要量稍高，推荐摄入量为每千卡能量 0.07 ～ 0.13 μg。

AAFCO 和 FEDIAF 推荐的成年犬猫生物素需要量见附表 1。

2. 生物素缺乏

生物素缺乏会导致犬只出现皮肤炎症、发疹、瘙痒和干燥等皮肤问题。导致犬的毛发质量下降，出现毛发脆弱、干燥、发色异常以及脱毛等问题。其还会对犬只骨骼和关节的正常生长和发育产生负面影响，导致骨骼畸形和关节疾病的发生。其还会影响犬的消化系统，导致食欲减退、呕吐、腹泻和体重下降等消化问题。猫缺乏生物素会导致其皮肤瘙痒、斑疹和毛发问题，变得干燥、脱屑，并容易发生感染，还会对猫的繁殖能力产生负面影响，包括发情周期异常、不育或出生缺陷等问题。

3. 生物素过量

过量地摄入生物素对犬猫的消化、皮肤以及毛发都会产生影响。如腹泻、恶心、呕吐、皮肤瘙痒、湿疹和皮肤炎症。还会出现毛发断裂、脱落和毛发质量变差等问题。

（九）维生素 C

维生素 C 也称为抗坏血酸，是一种必需的水溶性维生素。它在人类和许多动物的机体内无法合成，因此需要从外部食物中获取。

犬和猫是能够自主合成维生素 C 的动物。与人类不同，它们的机体具有功能完整的醛脱氢酶（L– 酸脱氢酶）（Ugui，2020）。这种酶允许犬猫通过代谢葡萄糖来合成自身所需的维生素 C（Vallejo，2004）。由于犬猫可以合成足够的维生素 C 来满足其正常生理功能，所以它们在维生素 C 供给方面相对不像人类那样依赖于饮食。然而，值得注意的是，一些情况下，例如疾病、压力和高负荷状态，可能使犬猫的维生素 C 需求增加。在这些情况下，适量地额外补充维生素 C 可能对其健康有益。可以通过摄入新鲜水果（如柑橘类、草莓和蓝莓）和蔬菜（如青椒、西蓝花和番茄）来获得。它也可以作为营养补充剂来补充（Gur，2020）。

1. 维生素 C 需要量

犬猫体内会产生足够的维生素 C 来满足日常需求。因此，犬猫不像人类或其他某些动物一样需要额外补充维生素 C。在特定情况下，例如在一些疾病或压力状态下，犬猫可能需要额外的维生素 C 补充。

AAFCO 和 FEDIAF 推荐的成年犬猫维生素 C 需要量见附表 1。

2. 维生素 C 缺乏

因犬猫能够自主合成足够的维生素 C，维生素 C 缺乏对犬猫的影响相对较小，然而，在某些特定情况下，犬猫可能出现维生素 C 的相对不足或不适应的情况，如大量运动、应激、繁殖和生长期等，可能增加犬猫对维生素 C 的需求。在这些情况下，维生素 C 供给不足可能导致一些不适或影响其生理功能。

3. 维生素 C 过量

过度摄入维生素 C 对犬猫的影响因所摄入的剂量不同而异。犬猫对维生素 C 的耐受性较高，因为它们能够从体内自主合成维生素 C，相比于人类来说，它们对于摄入过量的维生素 C 的反应较为温和。然而，高剂量的维生素 C 可能引起犬猫的胃肠道不适，导致腹泻、恶心、呕吐等消化问题。并且对于某些猫品种天生易患尿路结石，高剂量的维生素 C 可能会增加尿酸结石的风险。出于这些原因，尽管犬猫能够自主合成维生素 C，仍要控制其剂量和使用方式。

（十）胆碱

胆碱是一种重要的营养素，也被视为一种碱性物质，属于 B 族维生素复合物的一部分。胆碱是磷脂酰胆碱的组成成分之一，它有助于维持细胞膜的完整性和流动性，保护细胞免受外界不利因素的侵害，同时促进细胞内外物质的交换和信号传导。

胆碱也是合成乙酰胆碱的重要前体，乙酰胆碱是一种在神经系统中起着关键作用的神经递质。食物中的胆碱主要来自动物性食物，如肉类、鱼类、蛋类和奶制品。一些植物性食物，如豆类、谷物也含有少量胆碱。

1. 胆碱需要量

犬类对胆碱的摄入量为每千卡能量 4 ～ 12 mg；猫类对胆碱的需要量稍高，推荐摄入量为每千卡能量 10 ～ 20 mg。

AAFCO 和 FEDIAF 推荐的成年犬猫胆碱需要量见附表 1。

2. 胆碱缺乏

胆碱缺乏会导致神经递质不足，从而影响宠物的神经功能。犬猫可能表现出神经紊乱、运动协调性问题、肌肉僵硬和抽搐等症状，还会导致脂肪在肝脏中的积聚，进而引发脂肪肝。这可能导致肝功能受损，出现食欲不振、呕吐、黄疸和消瘦等症状。胆碱对消化系统正常功能的维持也很重要，胆碱缺乏可能导致胃肠道问题，如食欲不振、腹泻、便秘和消化不良等。胆碱对生理繁殖和胎儿发育也有影响。胆碱缺乏可能导致生殖问题，如繁殖能力下降、胚胎发育异常和妊娠期并发症等。

3. 胆碱过量

胆碱的过量摄入对于犬猫的健康也会产生一些不利影响。尽管犬猫通常能够调节并处理胆碱的摄入量，但长期和过量的胆碱摄入可能会导致犬猫出现消化问题，包括腹痛、腹泻、恶心和呕吐等，还会出现呼吸困难的症状，如呼吸急促、气喘和呼吸困难等。胆碱过量也会对犬猫产生神经毒性，导致其产生神经紊乱、抽搐和痉挛等症状。

参考文献

ALLENSPACH K, RUFENACHT S, SAUTER S, et al., 2006. Pharmacokinetics and clinical efficacy of cyclosporine treatment of dogs with steroid–refractory inflammatory bowel disease[J]. Journal of Veterinary Internal Medicine, 20(2):239–244.

BERRY D J, HESKETH K, POWER C, et al., 2011. Vitamin D status has a linear association with seasonal infections and lung function in British adults[J]. British Journal of Nutrition, 106: 1433–1440.

BROWN S A, BROWN C A, 1995. Single–nephron adaptations to partial renal ablation in cats. Am. J. Physiol.–Regul.Integr[J]. Comprehensive Physiology, 269: R1002–R1008.

CHAKRABARTI S, SYME H M, BROWN C A, et al., 2013. Histomorphometry of feline chronic kidney disease and correlation with markers of renal dysfunction[J]. Veterinary Pathology, 50: 147–155.

CHRISATKO S, DHAWAN P, LIU Y, et al.,2003 New insights into the mechanisms of vitamin D action[J]. Journal of Cellular Biochemistry, 88: 695–705.

CHURILLA T M, BRERETON H D, KLEM M, et al., 2012. Vitamin D deficiency is widespread in cancer patients and correlates with advanced stage disease: a community oncology experience[J]. Nutrition and Cancer–an International Journal, 64: 521–525.

CORESH J, SELVIN E, STEVENS L A, et al., 2007. Prevalence of chronic kidney disease in the United States[J]. The Journal of the American Medical Association, 298: 238–247.

DAINTY J R, BULLOCK N R, HART D J, et al., 2007. Quantification of the bioavailability of riboflavin from foods by use of stable–isotope labels and kinetic modeling[J]. American Journal of Clinical Nutrition, 85(6):1557–1564.

DANDRIEU J R, NOBLE P J, SCASE T J, et al., 2013. Comparison of a chlorambucil–prednisolone combination with an azathioprine–prednisolone combination for treatment of chronic enteropathy with concurrent proteinlosing enteropathy in dogs: 27 cases (2007—2010) [J]. Journal of the American Veterinary Medical, 242(12):1705–1714.

DAVIDSON M, 1992. Thiamin deficiency in a colony of cats[J]. Veterinary Record, 130: 94–97.

DODDS A S, ADOLPHE J L, VERBRUGGHE A, 2018. Plant–Based diets for dogs[J]. Journal of the American Veterinary Medical Association, 253: 1425–1432.

DOSSIN O, LAVOUE R, 2011. Protein–losing enteropathies in dogs[J]. Veterinary Clinics of North America–Small Animal Practice, 41(2):399–418.

EITENMILLER R R, LANDEN W O, 2016. Vitamin analysis for the health and food sciences[M].New York: CRC Press LLC: 325–493.

EQUILINO M, THEODOLOZ V, GORGAS D, et al., 2015. Evaluation of serum biochemical marker concentrations and survival time in dogs with protein–losing enteropathy[J]. Journal of the Formosan Medical Association, 246(1):91–99.

FENG R, LI Y, LI G, et al., 2015.Lower serum 25 (OH) D concentrations in type 1 diabetes: a meta–analysis[J]. Diabetes Research and Clinical Practice, 108: e71–e75.

FINCH N C, 2016. Hypercalcaemia in cats: the complexities of calcium regulation and associated clinical challenges[J]. Journal of Feline Medicine and Surgery, 18: 387–399.

FINCO D R, BROWN S A, BROWN C A, et al., 1999. Progression of chronic renal disease in the dog[J]. Journal of Veterinary Internal, 13: 516–528.

FINE A, 1991.Remnant kidney metabolism in the dog[J]. Clinical Journal of the American society of nephrology, 2:70–76.

GOODWIN L V, GOGGS R, CHAN D L, et al., 2011. Hypercoagulability in dogs with protein–losing enteropathy[J]. Internal Medicine Journal, 25(2):273–237.

GOW A G, ELSE R, EVANS H, et al., 2011. Hypovitaminosis D in dogs with inflammatory bowel disease and hypoalbuminaemia[J]. Journal of Small Animal Practice, 52: 411–418.

GRANDI N C, BREITLING L P, BRENNER H, 2010. Vitamin D and cardiovascular disease: systematic review and meta analysis of prospective studies[J]. Preventive Medicine, 51: 228–233.

GUARD B C, BARR J W, LAVANYA R, et al., 2015. Characterization of microbial dysbiosis and metabolomic changes in dogs with acute diarrhea[J]. PLoS ONE, 10: e0158362.

GUR H, ÇATAK J, MIZRAK O F, et al., 2020b. Determination and evaluation of in vitro bioaccessibility of added vitamin C in commercially available fruit–, vegetable–, and cereal–based baby foods[J]. Food Chemistry, 5: 127–166.

HANISCH F, TORESSON L, SPILLMANN T, 2018. Cobalaminmangel bei hund and katze[J]. Tieraerztliche Praxis Ausgabe Kleintiere Heimtiere, 46: 309–314.

HILL N R, FATOBA S T, OKE J L, et al., 2016. Global prevalence of chronic kidney disease—a systematic review and meta–analysis[J]. PLoS ONE, 11: e0158765.

JHA V, GARCIA G, ISEKI K, et al., 2013. Chronic kidney disease: global dimension and perspectives[J]. Lancet, 382:260–272.

KABIR H, LEKLEM J, MILLER L T, 1983. Measurement of glycosylated vitamin B_6 in foods[J]. Journal of Food Science, 48(5):1422–1425.

KAMR A M, DEMBEK K A, REED S M, et al., 2015. Vitamin D metabolites and their association with calcium, phosphorus, and PTH concentrations, severity of illness, and mortality in hospitalized equine neonates[J]. PLoS ONE, 10: e0127684.

KATHER S, SIELSKI L, DENGLER F, et al., 2020. Prevalence and clinical relevance of hypercobalaminaemia in dogs and cats[J]. The Veterinary Journal, 265: 105547.

KEMPF J, HERSBERGER M, MELLIGER R H, et al., 2017. Effects of 6 weeks of parenteral cobalamin supplementationon clinical and biochemical variables in cats with gastrointestinal disease[J]. Journal of Veterinary Internal Medicine, 31: 1664–1672.

KRAUS M S, RASSNICK K M, WAKSHLAG J J, et al., 2014. Relation of vitamin D status to congestive heart failure and cardiovascular events in dogs[J]. Journal of Veterinary Internal Medicine, 28: 109–115.

KRIEGEL M A, MANSON J E, COSTENBADER K H, 2011. Does vitamin D affect risk of developing autoimmune disease? A systematic review[J]. Semin Arthritis Rheum, 40: 512–531.

LAFORENZA U, GASTALDI G, RINDI G, 1993. Thiamine outflow from the enterocyte: a study using basolateral membrane vesicles from rat small intestine[J]. The Journal of Physiology, 468(1): 401–412.

LALOR S M, MELLANBY R J, FRIEND E J, et al., 2012. Domesticated cats with active mycobacteria infections have low serum vitamin D (25(OH)D) concentrations[J]. Transbound Emerg Dis, 59: 279–281.

LALOR S, SCHWARTZ A M, TITMARSH H, et al., 2014. Cats with inflammatory bowel disease and intestinal small cell lymphoma have low serum concentrations of 25–hydroxyvitamin D[J]. Journal of Veterinary Internal Medicine, 28: 351–355.

LAWSON J S, LIU H H, SYME H M, et al., 2018. The cat as a naturally occurring model of renal interstitial fibrosis: characterisation of primary feline proximal tubular epithelialcells and comparative pro–fibrotic effects of TGF– β 1[J]. PLoS ONE, 13: e0202577.

LEBLANC G J, MILANI C, GIORI D S G, et al., 2013. Bacteria as vitamin suppliers to their host: a gut microbiota perspective[J]. Current Opinion in Biotechnology, 24(2):101–110.

MARKOVICH J E, FREEMAN L M, HEINZE C R, 2014. Analysis of thiamine concentrations in commercial canned foods formulated for cats[J]. Journal of the American Veterinary Medical Association, 244(2):101–110.

MARKOVICH J E, HEINZE C R, FREEMAN L M, 2013. Thiamine deficiency in dogs and cats[J]. Journal of the American Veterinary Medical Association, 243(5):1–10.

MEHTA S, GIOVANNUCCI E, MUGUSI F M, et al., 2010. Vitamin D status of HIV–infected women and its association with HIV disease progression, anemia, and mortality[J]. PLoS ONE, 5: e8770.

MELAMED M L, MICHOS E D, POST W, et al., 2008. 25–hydroxyvitamin D levels and the risk of mortality in the general population[J]. Archives of Internal Medicine, 168: 1629–1637.

MELLANBY R J, MELLOR P J, ROULOIS A, et al., 2005. Hypocalcaemia associated with low serum vitamin D metabolite concentrations in two dogs with protein–losing enteropathies[J]. Journal of Small Animal Practice, 46: 345–351.

MOLONON B R, BOWER J A, DAYTON A D, 1980. Vitamin B_{12} and folic acid content of raw and cooked turkey muscle[J]. Journal of Poultry Science, 59: 303–307.

MORRIS J G, 1999. Ineffective vitamin D synthesis in cats is reversed by an inhibitor of 7–dehydrocholestrol–delta7–reductase[J]. Nutrition Research, 129: 903–908.

NISHIOKA M, KANOSUE F, YABUTA Y, et al., 2011. Loss of vitamin B_{12} in fish (round herring) meats during various cooking treatments[J]. Journal of Nutritional Science and Vitaminology, 57: 432–436.

OKANISHI H, YOSHIOKA R, KAGAWA Y, et al., 2014. The clinical efficacy of dietary fat restriction in treatment of dogs with intestinal lymphangiectasia[J]. Internal Medicine Journal,28(3):809–817.

POLZIN D J，2011. Chronic kidney disease in small animals (Special Issue: Kidney diseases and renal replacement therapies)[J].The Veterinary Clinics of North America: small animal practice, 1:41.

QURAISHI S A, LITONJUA A A, MOROMIZATO T, et al., 2013. Association between prehospital vitamin D status and hospital–acquired bloodstream infections[J]. American Journal of Clinical Nutrition, 98: 952–959.

RAMADAN Z, XU H, LAFLAMME D, et al., 2014. Fecal microbiota of cats with naturally occurring chronic diarrhea assessed using 16S rRNA gene 454–pyrosequencing before and after dietary treatment[J]. Journal of Veterinary Internal Medicine, 28(1):5–10.

ROSA C T, SCHOEMAN J P, BERRY J L, et al., 2013. Hypovitaminosis D in dogs with spirocercosis[J]. Journal of Veterinary Internal Medicine, 27: 1159–1164.

ROSEN C J, ADAMS J S, BIKLE D D, et al., 2012.The nonskeletal effects of vitamin D: an Endocrine Society scientific statement[J]. Endocrine Reviews, 33: 456–492.

ROWN S A, 2013. Renal pathophysiology: lessons learned from the canine remnant kidney model: canine remnant kidney model[J]. Journal of Veterinary Emergency and Critical Care, 23:115–121.

SELTING K A, SHARP C R, RINGOLD R, et al., 2014. Serum 25–hydroxyvitamin D concentrations in dogs – correlation with health and cancer risk[J]. Veterinary and Comparative Oncology, 14:295–305.

SIMMERSON S M, ARMSTRONG P J, WUNSCHMANN A, et al., 2014. Clinical features, intestinal histopathology, and outcome in protein–losing enteropathy in Yorkshire Terrier dogs[J]. Internal Medicine Journal, 28(2):331–337.

STEBENS L A, LI S, WANG C, et al., 2010. Prevalence of CKD and comorbid illness in elderly patients inthe United States: results from the kidney early evaluation program (KEEP) [J]. American Journal of Kidney Disease, 55: S23–S33.

SUCHODOLSKI S J, FOSTER L M, SOHAIL U M, et al., 2017. The fecal microbiome in cats with diarrhea[J]. PLoS ONE, 10:e015842.

TAMEZ H, THADHANI R I, 2012. Vitamin D and hypertension: an update and review[J]. Current Opinion in Nephrology and Hypertension, 21: 492–499.

TITMARSH H, KILPATICK S, SINCLAIR J, et al., 2015. Vitamin D status predicts 30 day mortality in hospitalised cats[J]. PLoS ONE, 10: e0125997.

TREHY M R, GERMAN A J, SILVESTRINI P, et al., 2014. Hypercobalaminaemia is associated with hepatic and neoplastic disease in cats: a cross sectional study[J]. BMC Veterinary Research, 10: 175.

UGUI H, EKER S, ÇATAK J, et al., 2020a. Vitamin C ve hastalıklar üzerine etkisi[J]. European Journal of Science and Technology, 19: 746–756.

VALLEJO F, GILil I A, PEREZ V A, et al., 2004. In vitro gastrointestinal digestion study of broccoli inflorescence phenolic compounds, glucosinolates, and vitamin C[J]. Journal of Agricultural and Food Chemistry, 52(1): 135–138.

VERWEI M, ARKBAGE K, HAVENAAR R, et al., 2003. Folic acid and 5–methyltetrahydrofolate in fortified milk are bioaccessible as determined in a dynamic in vitro gastrointestinal model[J]. Journal of Nutrition, 133(7): 2377–2383.

VERWEI M, ARKBAGE K, MOCKING H, et al., 2004. The binding of folic acid and 5–methyltetrahydrofolate to folate–binding proteins during gastric passage differs in a dynamic in vitro gastrointestinal model[J]. Journal of Nutrition, 134(1): 31–37.

WATANA B E, ABE K, FUJITA T, et al., 1998. Effects of microwave heating on the loss of vitamin B_{12} in foods[J]. Food Chemistry, 46: 206–210.

WATANABE T, MISHINA M, 2007. Effects of benazepril hydrochloride in cats with experimentally induced or spontaneously occurring chronic renal failure[J]. Journal of Veterinary Medical Science, 69: 1015–1023.

WEHNER A, KATZENBERGER J, GROTH A, et al., 2013. Vitamin D intoxication caused by ingestion of commercial cat food in three kittens[J]. Journal of Feline Medicine and Surgery, 15: 730–736.

YISHAI A, GAHL L, MICHAL Z, et al., 2015. Microbial–derived lithocholic acid and vitamin K_2 drive the metabolic maturation of pluripotent stem cells–derived and fetal hepatocytes[J]. Hepatology (Baltimore, Md.), 62(1):100.

第五节　矿物元素

矿物元素在宠物体内含量虽低，但对宠物生长、发育和健康起着至关重要的作用（Kastenmayer et al.，2002）。这些元素包括钙、磷、钾、钠、镁、铁、锌、铜等，它们参与构成宠物体内各种酶和激素，维持体内细胞正常功能，甚至对宠物的神经系统和免疫系统都起着不可或缺的作用。

AAFCO 和 FEDIAF 推荐的成年犬猫矿物元素需要量见附表 2。

一、常量元素

（一）钙、磷

犬猫等动物体内 98% ～ 99% 的钙，80% 的磷存在于骨骼和牙齿中，其余存在于软组织和体液中，所以钙对犬猫的骨骼系统构成和发育、神经兴奋调节及体液平衡等方面都有着非常重要的作用（Lund et al., 1999a）。磷元素也是构成骨骼的主要成分之一，犬猫的身体中大概有 80% 的磷元素用于构成它们的骨骼和牙齿。而在犬猫的能量代谢当中，磷还是 ADP 和 ATP 的重要成分，在能量储存和传递当中起着非常重要的作用（Gagné et al., 2013b）。但是犬猫补充过多磷元素会造成体内的血钙含量下降，从而出现跛行或长骨骨折等情况，所以保持犬猫体内的钙磷比例非常重要。钙、磷的来源有肉骨粉、骨粉（钙 31%, 磷 14%）、磷酸氢钙（钙 23.2%，磷 18.6%）、磷酸钙、碳酸钙、鱼粉、石粉等。植物原料中钙少磷多，有一半左右的磷为植酸磷，饲料总磷利用率一般较低，为 20% ～ 60%。

宠物对钙的吸收是由胃开始的，食物中的钙可与胃液中盐酸化合成氯化钙，极易溶解，所以可被胃壁吸收，主要吸收部位在小肠，钙的吸收需要维生素 D 和钙结合蛋白参与形成复合物后经扩散吸收；钙结合蛋白（CaBP）位于肠细胞刷状缘上，参与吸收和转运钙，CaBP 水平与日粮中钙、磷含量呈正相关。犬对钙的利用率随年龄的增长和钙浓度的增加而降低，幼犬或青年犬钙的表观吸收率为 90%，成犬的表观吸收率为 30% ～ 60%。

磷吸收以离子态为主，也可能易化扩散，大多数磷是在小肠后段被吸收的。其吸收的形式虽然有少量磷脂，但以无机磷酸根为主。小肠细胞的刷状缘上的碱性磷酸酶能解离一些有机化合物结合的磷，如磷糖、磷酸化氨基酸。根据磷的来源不同，磷的表观消化率为 30% ～ 70%，钙磷比超过 2∶1 或者日粮中有很多植酸磷，磷的吸收率就会下降（Christodoulopoulos et al., 2003）。磷主要是通过尿排出体外。

肠道中镁、铁、铝及维生素 D 等物质的水平影响钙磷吸收，镁、铁、铝可与磷形成不溶解的磷酸盐降低磷的吸收率（Wakshlag et al., 2013）。小肠中的磷酸钙、碳酸钙等的溶解度受肠道 pH 值影响很大，在碱性和中性溶液中其溶解度很低，难于吸收。小肠前端为弱酸性环境，是食物中钙和无机磷吸收的主要场所。小肠后端偏碱性，不利于吸收。因此，增强小肠酸性的因素有利于钙磷吸收（Chun et al.,2020）。犬的钙、磷比例在（1.2 ～ 1.4）∶1 范围内吸收率高。若钙磷比例失调，小肠内又偏碱性条件下，钙过多时，将与食物中的磷更多地结合成磷酸钙沉淀；如果磷过多，同样也与更多的钙结合成磷酸钙沉淀。实践证明，如果食物中的钙磷数量供应充足，但钙磷比例失调，同样会导致腿病。维生素 D 对钙磷代谢的调节作用（Marks et al., 2010b）是通过在肝脏、肾脏羟化后的产物 1，25- 二氢维生素 D 起作用的，1，25- 二羟维生素 D 具有增强小肠酸性、调节钙磷比例、促进钙磷吸收与沉积的作用。日粮中脂肪过多，易与钙结合成钙皂，由粪便排出影响钙的吸收；草酸过多，易与钙结合成草酸钙沉积，植酸过多，易与钙结合成植酸钙，也影响钙的吸收。而饲料中的乳糖能增加吸收细胞通透性，促进钙吸收；犬像其他单胃动物一样，体内植酸磷比无机磷的生物利用率要低，表观吸收率变化范围为 30% ～ 60%。

钙、磷比例会随着犬猫的种类、年龄和营养状况不同有所变化（Clark et al., 2007）。根据 AAFCO 标准，成犬的钙最小需要量为 0.5%，磷的最小需要量为 0.4%（以干基计算），成猫的钙最小需要量为 0.6%，磷的最小需要量为 0.5%（以干基计算）。钙缺乏时会使犬的进食欲望下降，消化吸收率降低，精神衰退，活动量大幅减少，血钙水平下降，骨质疏松，繁殖力也受到破坏；摄入过量的钙可引起严重的骨骼异常，尤其是处于生长阶段的幼犬（Abd-Elhakim et al., 2016b）。猫体内钙不足会出现佝偻病、骨软病、低血钙症、食欲不振、异食癖等症状，特别是幼猫缺钙时会出现骨骼变薄的现象，尤其是腰椎，其次是盆骨；钙含量过高时，猫的进食性降低，生长减缓，血钙浓度升高。犬缺磷时表现为食欲减退，身材瘦小，生长停滞，繁殖力下降；当猫缺磷时猫表现为食欲不振，身体消瘦，生长停滞等。

（二）钾、钠、氯

1. 钾

钾离子是细胞内液最主要的阳离子，其浓度是细胞外液中钾离子浓度的 35 ～ 40 倍（Ferreira et al., 2017b）。虽然细胞内液钾离子的含量远高于细胞外液，但是细胞外液中钾离子浓度却对机体的正常生命活动起到十分重要的作用，其浓度变化相比细胞内液钾浓度变化对机体影响更为突出。一般我们所说的钾平衡紊乱所指的是细胞外液钾离子的失衡（Iqbal et al., 2009b）。低钾血症导致肌肉无力，心电图改变和心律不齐。同时钾和钠一起作用，保持身体的酸碱平衡。钾还负责神经冲动的传导，对能量代谢也很重要。

钾对身体主要的作用主要体现在以下几个方面：参与碳水化合物、蛋白质代谢；维持细胞内外液的渗透压平衡，酸碱平衡和离子平衡；维持心肌细胞正常功能；降低血压。

钾不足非常少见，缺钾的幼犬可能会表现出焦躁、肌肉麻痹。对于有心脏或者肾脏衰竭的猫或犬钾摄入的上限应该被降低（Jeruszka-Bielak et al., 2001）。尿液酸化可能加重钾流失，这种情况出现时，应该通过饮食补偿流失的钾。低血钾发展迅速时往往导致严重的症状，出现严重的肌肉无力和呼吸衰竭。高钾血症的主要临床症状表现在神经肌肉、消化系统、心血管、泌尿系统、中枢神经等方面，其中心脏的问题尤其危急，心肌会先短暂地增进，然后出现抑制心肌的兴奋性而导致心律失常，心率减慢，严重的时候会出现心搏骤停，进而危及生命。AAFCO 标准中规定成犬和成猫对钾的需要量均为 0.6%（以干基计算）。

AAFCO 和 FEDIAF 推荐的成年犬猫钾需要量见附表 2。

2. 钠、氯

钠主要吸收部位是十二指肠，吸收形式为简单扩散。犬钠的吸收率达到 100%，其中 80% 的钠在结肠吸收（Kim et al., 2018）。钠是维持正常生理功能所必需的电解质，对于细胞内、外液体平衡的调节非常重要（Kim et al., 2016）。血钠含量受到饮食、药物等多方面因素影响，对神经、肌肉和心脏的功能稳定有显著影响。肾脏与钠调节有着广泛性的联系，95% 的血浆钠在肾单位中过滤（Kim et al., 2001），钠的缺乏会引发肾上腺皮质机能减退，过多的钠供给会引发肾上腺机能亢进。

氯离子是体内的主要负离子之一，与钠离子部分相似，以其对体内液体平衡和酸碱度的维持起着重要的调节作用（Langlois et al., 2017）。饲料中钠和氯的含量不足时，会降低犬的食欲，并导致其饮水减少，皮肤干燥，掉毛，生长减慢，饲料中营养物质的利用率也会下降。成犬摄入过多的食盐会使犬发生中毒甚至死亡（Cummings et al., 2009a）。猫缺乏钠和氯时会导致其心肾机能出现障碍、心力衰竭、反应迟缓；肌肉无力、脱水、生长缓慢、消瘦。在不给猫提供高质量的饮用水的情况下会导致其中毒，表现症状为极度口渴、便秘、肌肉抽搐，严重时会导致死亡。

AAFCO 中，成犬对钠元素的最低需要量为 0.08%，成猫对钠元素的最低需要量为 0.2%，成犬对氯元素的最低需要量为 0.12%，成猫对钠元素的最低需要量为 0.3%（均以干基计算）。

AAFCO 和 FEDIAF 推荐的成年犬猫钠、氯需要量见附表 2。

（三）镁

在动物体内 70% 以上的镁以磷酸盐形式存在于骨骼和牙齿中，其余的则存在于软组织中，主要与蛋白质结合生成络合物。镁在体内可作为多种酶的激活剂，同时，镁离子也是糖代谢及细胞呼吸酶系统不可缺少的辅助因子（Clegg et al., 1986）。细胞外液中的镁还能与钙、钾离子等协同，维持肌肉、神经的兴奋性和心肌的生理功能（Davies et al., 2017a；2017b）。镁以扩散吸收的形式在小肠吸收，果寡糖使镁的吸收率从 14% 上升到 23%。降低回肠 pH 值，镁的可溶性增加，磷的含量与镁的生物学利用率呈负相关（Genchi et al., 2020a; Gow et al., 2010b），代谢随年龄和器官而异，幼龄动物贮存和动用镁的能力较成年动物高，骨镁可动员 80% 参与周转代谢。幼猫镁的表观吸收率平均为 60% ～ 80%，而成猫降至 20% ～ 40%。

正常情况下，宠物采食的肉类、豆类、谷物等均含有较多的镁，故一般不易缺乏。但是当犬猫从食物中吸收的镁不足、食物过于单一，或当犬猫慢性腹泻、大量泌乳，或患胃肠道疾病，犬猫吸收镁的功能障碍时，都会发生镁缺乏症（Elias et al., 2018）。镁缺乏时，犬猫发育迟缓，肌肉无力，指间缝隙增大，爪外展，腕关节和跗关节过度伸展，软组织钙化，长骨的骨端肥大（Green et al., 2019a）。缺镁可使神经兴奋性失去控制，因而肌群呈制约性兴奋性收缩，表现为对外界反应过于敏感，耳竖起，头颈高抬，行走时肌肉抽动，最后宠物表现出惊厥，并可能迅速死于抽搐之中。当投给犬猫过多的镁制剂时会引起镁中毒。镁中毒的主要表现为腹泻，采食量减少，呕吐，生长速度下降，甚至昏睡（Dijcker et al., 2012）。应用含大量镁的食物喂猫时，可发生泌尿系统综合征，特征是排尿困难、血尿、膀胱炎，甚至尿石性尿道阻塞。但由于镁主要通过尿液排泄，建议避免过量补充镁，尤其是肾功能不全的动物。

AAFCO 中，成犬对镁元素的最低需要量为 0.06%，成猫对镁元素的最低需要量为 0.04%（以干基计算）。缺镁时，一般用硫酸镁、氯化镁、碳酸镁等进行补充。

AAFCO 和 FEDIAF 推荐的成年犬猫镁需要量见附表 2。

二、微量元素

（一）铁

铁是宠物体内最常见的微量元素，宠物主要从动物产品中获取铁，如肉类、蛋类和奶制品。铁元素对猫的营养有着至关重要的作用。它是合成血红蛋白的重要原料，血红蛋白是负责将氧气输送到猫身体各个部位的蛋白质（Pantopoulos et al., 2012）。此外，铁元素也是许多酶的辅助因子，参与猫的能量代谢和免疫功能。据报道，犬和猫体内的含铁量分别为 76 ～ 100 mg/kg BW 和 50 ～ 60 mg/kg BW（Kienzle et al., 1991a）。宠物对铁的吸收率根据铁的存在形式不同而变化，一般而言二价铁的利用率比三价铁高，有机铁的利用率比无机铁高。变化范围从 10% 到 100% 不等。Anturaniemi 等（2020）开展了一项试验性研究，比较热加工高碳水化合物（HPHC）和非加工高脂肪（NPHF）饮食对 33 只斯塔福德郡斗牛梗犬的影响。在饮食干预结束时对各饮食组进行了比较，结果表明，NPHF 饮食组的血液中铁含量明显下降，说明饮食对其血液铁元素含量影响较大。如果猫缺铁，其免疫力可能会下降，同时也会影响其神经系统的功能。有研究发现，在幼犬每天摄入铁含量低于 3.3 mg/（kg · d）时，会表现为铁缺乏症，主要临床症状为生长缓慢、腹泻等（Harvey，1998）。此外，饲喂含铁量少于 80 mg/kg 的日粮给幼猫会导致其低血色素和异常的血容积水平，症状与犬的铁缺乏症类似，表现为体重下降、尿血、虚弱等。因此应当给犬和猫，尤其是刚断奶的幼犬和幼猫的日粮中补充适量的铁元素。一般来说，幼猫和哺乳期的母猫对铁元素的需要量相对较高，因为它们需要合成更多的血红蛋白来满足身体的需要。然而，过量的铁元素摄入也可能对宠物造成危害。如犬通过口服方式摄入 12 mg/（kgBW · d）的铁元素（存在于含铁硫酸盐中）时会导致肠胃损伤、出血等症状（D'Arcy and Howard，1962）。当剂量达到 200 mg/（kg BW · d）时，则可导致犬死亡（Bronson and Sisson，1960）。猫口服 16 ～ 128 mg/kg BW 仅 1 h 后，就出现了呕吐症状。因此，应为犬猫选择铁元素含量适中的食品。

AAFCO 和 FEDIAF 推荐的成年犬猫铁需要量见附表 2。

（二）铜

据报道，犬和猫体内的含铜量分别为 3.8 ～ 7.3 mg/kg BW 和 2 ～ 3 mg/kg BW（Meyer，1984；Kienzle et al.，1991a）。铜元素有助于血红蛋白的生成，缺铜可能导致宠物贫血，同时也会影响宠物的神经系统功能。研究表明给幼犬饲喂含铜量为 0.2 mg/1 000 kcal ME 的饲料，会导致其毛发褪色，趾骨变形，这是由于铜缺乏导致（Zentek and Meyer，1995）。同样，给猫饲喂含铜量低于 1.0 mg/1 000 kcal ME 的饲料会导致其体重降低、肝功能受损、肺部发育障碍等（Doong et al., 1983）。铜离子主要以硫酸铜和铜 – 氨基酸复合物的形式被利用，生物学利用率约 30%（Baker et al.，1991）。犬会从饮食和饮用水中吸收铜，然后在肝脏中蓄积。犬肝脏铜浓度通常低于 400 mg/kg 肝干重，但仍高于人类；患病犬体内的铜蓄积量从 800 ～ 10 000 mg/kg 干重不等（Masters，1994）。肝脏铜蓄积会导致细胞死亡、桥接纤维化并发展为肝硬化和肝功能衰竭，也可能表现为急性肝衰竭。贝灵顿梗犬会将大量铜释放到血液循环中，导致溶血和贫血。在其他犬种中，肝铜蓄积通常是逐渐发生的，最初不会出现明显的临床症状。通常到了中年时（约 7 岁），犬会出现肝功能衰竭的临床症状，包括黄疸、腹水、厌食、呕吐和肝性脑病。犬的铜中毒可以用铜螯合剂 D–Penicillamine（Fieten et al.，2013）或醋酸锌（Avan et al.，2012）来治疗。另有研究表明低铜、高锌饮食是替代持续服用药物治疗犬肝脏铜积聚导致的肝炎的重要方法（Fieten et al.，2014）。

AAFCO 和 FEDIAF 推荐的成年犬猫铜需要量见附表 2。

（三）锌

锌元素参与机体物质代谢及能量代谢，是许多酶的辅助因子。锌缺乏症可能会导致宠物血清锌浓度降低，影响宠物的生长，引起皮肤病变、行为问题，并损害免疫功能。Meyer 等（1984）研究表明犬体内的含锌量为 9.5 ～ 23.1 mg/kg BW，根据年龄段不同有所区别，从食物中摄取锌时，生物学利用率约为 40%。而猫的体内含锌量为 18 ～ 30 mg/kg BW（Kienzle et al.，1991b）。1962 年，锌被《犬猫营养需要（NRC）》一书中归类为宠物必需的元素，规定干粮中的锌需要量为 1 mg/1 000 kcal ME，并于 1974 年修订了锌的需要量，将其提高了 10 倍，达到 12.5 mg/1 000 kcal ME。在 NRC 的 2006 年最新规定中，犬粮中锌的推荐含量为：成犬 15 mg/1 000 kcal ME，幼犬 25 mg/1 000 kcal ME，妊娠期和哺乳高峰期的雌性犬 17 mg/1 000 kcal ME。欧洲理事会的最新法规（2016 年 7 月 6 日的第 2016/1095 号法规）规定，犬粮中的锌补充剂的最大含量为 200 mg/kg（假设含水量为 12%，约 227 mg/kg DM），与之前批准的 250 mg/kg 的含量相比减少了 25%。尽管之前批准的锌含量被认为对目标物种是安全的，但在锌释放到环境，如土壤和水中后，对其中的生物来说是一种风险。在宠物食品中，通常的做法是补充锌含量高于最低要求的日粮，以防止缺乏症状。Goi 等（2019）发现，在测试的商业膨化犬粮中，锌的含量大于安全限值，并且所有食物的平均含量接近推荐的最大值。反过来，在 Pereira 等（2018）进行的一项研究中，发现 32 种成犬和 5 种幼犬犬粮中锌平均值高于最大法定限度（maximum legal limit，MLL）27.6 mg/100 g DM（Pereira et al.，2018）。此外，所有测试的幼犬食物都超过了锌的 MLL（范围为 24.8 ～ 31.7 g/100 g DM）。在他的研究中，与推荐标准的最大不相容性涉及犬粮中的锌含量，其中 5 种测试食品超过了 MLL，其中许多食品的含量接近推荐的最大值。因此，可以得出结论，犬粮中的锌经常过量而不是不足。研究发现，猫如果从出生一直被关在镀锌铁条门中，猫会舔食门上的氧化锌，进而引发铜缺乏症最终导致死亡（Hendriks et al.，2001）。锌元素的摄入不足会引起宠物锌缺乏症。Sanecki 等（1985）研究表明含锌量为 20 ～ 35 mg/kg 的基础日粮导致幼犬出现了锌缺乏临床症状，表现为宠物生长发育迟缓、皮肤炎等。将该日粮中的锌元素含量提高到 120 mg/kg 时，则锌缺乏症消失，生长正常。类似的情况也发生在猫上，Kane 等（1981）分别用锌含量为 15 mg/kg 和 67 mg/kg 的基础日粮饲喂猫时发现，锌含量为 15 mg/kg 的日粮导致公猫出现睾丸受损，且不可逆，而被饲喂锌含量为 67 mg/kg 基础日粮的公猫不受影响。因此，在宠物饮食中必须添加适量的锌元素。宠物主人可以选择富含锌元素的食品或添加适量的锌补充剂来保证宠物获得足够的锌元素。但需要注意的是，过量的锌摄入也可能对宠物健康产生负面影响，一项研究表明犬在连续 7 d 内摄入 125 g 含 15.25% W/W 氧化锌的消毒愈合膏，相当于每天摄入 386.4 mg/kg 体重的元素锌时，表现出急性锌中毒症的临床症状（Siow，2018）。因此应遵循宠物的锌摄入量标准，进行正确的喂养。

AAFCO 和 FEDIAF 推荐的成年犬猫锌需要量见附表 2。

（四）锰

宠物体内的锰含量一般来说比较低，成犬的体内锰含量为 3 ～ 15 mg/kg（Underwood，1956）。Hendricks 等（1997）发现一只 4 kg 的猫体内锰含量约为 2.3 mg。宠物食品中含有一定数量的锰，这也是宠物摄取锰元素的主要来源。尽管没有犬猫锰元素的生物学利用率的报道，但可从其他哺乳动物近似推算，Meyer（1984）在对鼠、牛、人的研究中发现生物体对锰的生物学利用率仅为 10% 左右。一项有关日粮中的锰对繁殖期雌性乌苏里浣熊犬繁殖性能影响的研究发现，不同有机锰用量（0 mg/kg、40 mg/kg、80 mg/kg、120 mg/kg、200 mg/kg 和 400 mg/kg 日粮）对活产仔数有影响。结果发现在对照组日粮（原料含锰 24.32 mg/kg）中添加 120 mg/kg 锰，活仔断奶数高于其他组（$P < 0.05$），锰的添加对乌苏里貉雌性繁殖期的繁殖性能有积极影响（Bao et al.，2014）。锰的缺乏通常会导致骨骼发育迟缓，关节变形。锰的少量不足通常不会严重危害其健康，只有在严重缺乏时会引起明显症状。锰过量对宠物的影响试验数据相对缺乏，这主要因为通常情况下宠物食品锰含量少且生物学利用率低的原因。总的来说，锰元素对宠物的营养健康起着重要作用。

AAFCO 和 FEDIAF 推荐的成年犬猫锰需要量见附表 2。

（五）硒

韩国首尔国立大学的研究团队收集的 11 种犬粮中，最缺乏的微量元素是硒（11 种产品中的 10 种，90.9%）（Choi et al.，2023）。这说明宠物食品中硒元素缺乏普遍存在。当饲喂犬硒（0.01 mg/kg）和维生素 E 缺乏的基础日粮时，发现犬表现出精神萎靡不振和呼吸不畅等症状，通过解剖发现犬骨骼肌苍白、肿大并带有分散的白色条纹。将硒含量提高到 0.5 mg/kg 后，犬虽然还有轻微的骨骼疾病，但症状得到了明显的缓解。这说明硒元素是一种对宠物生长发育和健康具有重要意义的微量元素。一般来说，犬粮和猫粮中硒的含量应该控制在 0.03 ～ 2 mg/kg 和 0.3 mg/kg 以上，以满足不同宠物的营养需求。Keller 等（2020）在研究 67 只超重犬和 17 只超重猫时发现它们都在使用同一家制造商生产的低能量维持饮食进行减肥。8 周后，在检查的必需营养素中，只有硒、胆碱、钾和核黄素在少数宠物中低于 NRC 建议值。不过，在研究期间，没有在任何犬猫身上发现任何营养素缺乏的迹象。同样地，Gaylord 等（2018）研究发现在犬的非治疗性体重管理日粮中，硒元素存在缺乏现象，提示硒元素的变化可能和肥胖相关。此外，硒元素和维生素 E 有互补的作用。给宠物适量的硒元素可以减少身体对维生素 E 的需要量；反之，给宠物补充适量的维生素 E 也能适当降低对硒的需求。过量的硒摄入（5.0 mg/kg 含硒日粮）会导致犬出现贫血、肝脏受损等症状（Underwood，1956）。Tarttelin 等（1998）研究表明含硒量 13.8 mg/kg 的饲料饲喂猫两周后，其血液中游离甲状腺素含量明显降低。目前，美国饲料管理协会对宠物食品中硒的最高含量建议为 2.0 mg/kg（AAFCO，2001）。

AAFCO 和 FEDIAF 推荐的成年犬猫硒需要量见附表 2。

（六）碘

碘参与甲状腺激素的合成，宠物食品中碘元素的含量因原料不同变化很大。宠物主要从海产品、罐头食品和一些特定的宠物食品中获取碘。甲状腺功能亢进症是家猫常见的内分泌疾病，由长期饮食碘摄入量过低或波动引起。研究通过分析 119 种猫日粮、38 种尿液和 64 种毛发样本中的碘含量；发现大多数（78%；119 种中的 93 种）猫日粮的碘含量都在推荐范围内。在不符合标准的 22%（n = 26 种日粮）中，大多数（n = 23 种）低于营养最低值，其中大部分（n = 16 种）为干粮。不同类型日粮碘含量差异不大，但同一日粮不同批次之间的差异为 14% ～ 31%。因此，猫尿中的碘含量也有显著差异。接受甲状腺功能亢进治疗的猫毛发碘含量较低。总之，对家猫喂养方式的评估调查以及对商品猫粮的分析表明，家猫的膳食碘摄入量可能长期偏低或波动较大。尿碘含量的巨大差异也证明了这一点（Alborough et al.，2022）。Loftus 等（2011）研究确定了对总甲状腺素（TT4）浓度中度至重度升高的猫在 12 个月的间隔期内采用治疗性限碘饮食的疗效。招募了 8 只血清肌酐＜ 2.0 mg/dL、TT4 ＞ 6.0 μg/dL（参考区间为 1.5 ～ 4.0 μg/dL）的甲亢猫，并指导猫主人只进食治疗性限碘饮食。结果表明，在试验开始时，TT4 中位数为 8.4 μg/dL（范围 6.2 ～ 24.0 μg/dL）。所有猫的甲状腺闪烁扫描均异常，证实其患有甲状腺功能亢进症。喂食治疗饮食 4 周后，8 只猫中有 6 只的血清 TT4 恢复正常。4 周后 TT4 未恢复正常的两只猫的初始 TT4 浓度最高。3 只猫因出现慢性肾病而退出研究。因此得到结论：限碘饮食能够在 4 周前控制大多数猫（8 只中的 6 只）的中度至重度甲状腺功能亢进。初始 TT4 最高的猫需要更长的时间才能使 TT4 浓度恢复正常（Loftus et al.，2019）。Paetau–Robinson 等（2018）比较连续 24 个月喂食限碘食物或常规食物的健康成猫对甲状腺功能的影响。限碘组（n = 14）的猫喂食干物质基础（DMB）含 0.2 mg/kg 碘的商用猫粮。常规食物组（n = 12）的猫食用相同的食物，干物质基础碘含量为 3.2 mg/kg。两组猫在各自的饮食中都维持了 24 个月。结果表明，限碘组的尿碘浓度中位数与基线相比显著下降（$P = 0.000\ 1$），与常规饮食组相比差异显著（$P \leqslant 0.000\ 7$），但食用限碘食物的猫甲状腺没有发生变化，这表明限碘食物组没有出现先天性甲状腺功能减退症。这些结果证明，对健康的成猫连续两年喂食限碘饮食不会产生明显的副作用。

AAFCO 和 FEDIAF 推荐的成年犬猫碘需要量见附表 2。

三、结论

除了以上这些微量元素，宠物还需要关注其他一些微量元素如氟、钼、铬等。这些微量元素在宠物体内也发挥着重要的作用，如参与骨骼形成、维持免疫功能、促进能量代谢等。因此，在宠物饲养过程中，要合理搭配宠物的饮食，保证宠物摄入足够的微量元素，以维护宠物的健康。

总之，矿物元素对宠物（犬和猫）的营养至关重要。了解各种矿物元素的作用和需要关注的元素，同时合理安排宠物的饮食，是保证宠物健康的基本原则。在特殊情况下，如宠物处于幼年、怀孕或生病期间，可能需要补充额外的矿物元素，这时应听从兽医的建议。

参考文献

ALBOROUGH R, GRAHAM P A, GARDNER D S, 2022. Estimating short and longer–term exposure of domestic cats to dietary iodine fluctuation[J]. Scientific Reports, 12: 8987.

ANTURANIEMI J, ZALDÍVAR–LÓPEZ S, MOORE R, et al., 2020. The effect of a raw vs dry diet on serum biochemical, hematologic, blood iron, B(12) , and folate levels in Staffordshire Bull Terriers[J]. Veterinary Clinical Pathology, 49: 258–269.

AVAN A, AZARPAZHOOH M, KIANIFAR H, et al., 2012. Patients with free copper toxicosis in Wilson's disease should be treated with zinc from the beginning[C]// In The Movement Disorder Society's 16th International Congress of Parkinson's Disease and Movement Disorders.

ABD–ELHAKIM Y M, EL SHARKAWY N I, MOUSTAFA G G, 2016. An investigation of selected chemical contaminants in commercial pet foods in Egypt[J]. Journal of veterinary diagnostic investigation: official publication of the American Association of Veterinary Laboratory Diagnosticians, Inc, 28(1): 70–75.

BAKER D H, ODLE J, FUNK M A, et al., 1991. Research note: bioavailability of copper in cupric oxide, cuprous oxide, and in a copper–lysine complex – sciencedirect[J]. Poultry Science, 70: 177–179.

BAO K, XU C, WANG K Y, et al., 2014. Effect of supplementation of organic manganese on reproductive performance of female Ussuri raccoon dogs (*Nyctereutes procyonoides*) during the breeding season[J]. Animal Reproduction Science, 149: 311–315.

BRONSON W R, SISSON T R, 1960. Studies on acute iron poisoning. A.M.A[J]. Journal of Diseases of Children, 99: 18–26.

CHOI B, KIM S, JANG G, 2023. Nutritional evaluation of new alternative types of dog foods including raw and cooked homemade-style diets[J]. Journal of Veterinary Science, 24(5): e63.

CHRISTODOULOPOULOS G, ROUBIES N, KARATZIAS H, et al., 2003. Selenium concentration in blood and hair of holstein dairy cows[J]. Biological Trace Element Research, 91(2): 145–150.

CHUN J L, BANG H T, JI S Y, et al., 2020. Comparison of sample preparation procedures of inductively coupled plasma to measure elements in dog's hair[J]. Journal of animal science and technology, 62(1): 58–63.

CLARK N A, TESCHKE K, RIDEOUT K, et al., 2007. Trace element levels in adults from the west coast of Canada and associations with age, gender, diet, activities, and levels of other trace elements[J]. Chemosphere, 70(1): 155–164.

CLEGG M S, LÖNNERDAL B, HURLEY L S, et al., 1986. Analysis of whole blood manganese by flameless atomic absorption spectrophotometry and its use as an indicator of manganese status in animals[J]. Analytical Biochemistry, 157(1): 12–18.

CUMMINGS J E, KOVACIC J P, 2009. The ubiquitous role of zinc in health and disease[J]. Journal of Veterinary Emergency and Critical Care, 19(3): 215–240.

D'ARCY P F, HOWARD E M, 1962. The acute toxicity of ferrous salts administered to dogs by mouth[J]. The Journal of Pathology and Bacteriology, 83: 65–72.

DE NADAI FERNANDES E A, ELIAS C, BACCHI M A, et al., 2018. Trace element measurement for assessment of dog food safety[J]. Environmental Science and Pollution Research International, 25(3): 2045–2050.

DIJCKER J C, HAGEN-PLANTINGA E A, EVERTS H, et al., 2012. Dietary and animal-related factors associated with the rate of urinary oxalate and calcium excretion in dogs and cats[J]. The Veterinary Record, 171(2): 46.

Doong G, Keen C L, Rogers Q, et al., 1983. Selected features of copper metabolism in the cat[J]. Journal of Nutrition, 113(10):1963–71.

GAYLORD L, REMILLARD R, SAKER K, 2018. Risk of nutritional deficiencies for dogs on a weight loss plan[J]. The Journal of Small Animal Practice, 59: 695–703.

GOI A, MANUELIAN C L, CURRÒ S, et al., 2019. Prediction of mineral composition in commercial extruded dry dog food by near-infrared reflectance spectroscopy[J]. Animals, 9(9): 640.

GAGNÉ J W, WAKSHLAG J J, CENTER S A, et al., 2013. Evaluation of calcium, phosphorus, and selected trace mineral status in commercially available dry foods formulated for dogs[J]. Journal of the American Veterinary Medical Association, 243(5): 658–666.

GENCHI G, SINICROPI M S, LAURIA G, et al., 2020. The effects of cadmium toxicity[J]. International Journal of Environmental Research and Public Health, 17(11): 3782.

GOW A G, MARQUES A I, YOOL D A, et al., 2010. Whole blood manganese concentrations in dogs with congenital portosystemic shunts[J]. Journal of Veterinary Internal Medicine, 24(1): 90–96.

GREEN R E, PAIN D J, 2019. Risks to human health from ammunition-derived lead in Europe[J]. Ambio, 48(9): 954–968.

HARVEY J W, 1998. Iron deficiency anemia in dogs and cats[C]// Proceedings of the North American Veterinary Conference, Florida, 12: 336–338.

HENDRIKS W H, ALLAN F J, TARTTELIN M F, et al., 2001. Suspected zinc-induced copper deficiency in growing kittens exposed to galvanised iron[J]. New Zealand Veterinary Journal, 49(2): 68–72.

HENDRIKS W H, MOUGHAN P J, TARTTELIN M F, 1997. Urinary excretion of endogenous nitrogen metabolites in adult domestic cats using a protein-free diet and the regression technique[J]. The Journal of Nutrition, 127(4): 623–629.

IQBAL S, BLUMENTHAL W, KENNEDY C, et al., 2009. Hunting with lead: association between blood lead levels and wild game consumption[J]. Environmental Research, 109(8): 952–959.

JERUSZKA-BIELAK M, BRZOZOWSKA A, 2011. Relationship between nutritional habits and hair calcium levels in young women[J]. Biological Trace Element Research, 144(1-3): 63–76.

KANE E, MORRIS J G, ROGERS Q R, et al., 1981. Zinc deficiency in the cat[J]. The Journal of Nutrition, 111: 488–495.

KASTENMAYER P, CZARNECKI-MAULDEN G L, KING W, 2002. Mineral and trace element absorption from dry dog food by dogs, determined using stable isotopes[J]. The Journal of Nutrition, 132: S1670–S1672.

KELLER E, SAGOLS E, FLANAGAN J, et al., 2020. Use of reduced-energy content maintenance diets for modest weight reduction in overweight cats and dogs[J]. Research in Veterinary Science, 131: 194–205.

KIENZLE E, SCHUKNECHT A, MEYER H, 1991a. Influence of food composition on the urine pH in cats[J]. The Journal of Nutrition, 121: S87–S88.

KIENZLE E, STRATMANN B, MEYER H, 1991b. Body composition of cats as a basis for factorial calculation of energy and nutrient requirements for growth[J]. The Journal of Nutrition, 121: S122–S123.

KAZIMIERSKA K, BIEL W, WITKOWICZ R, 2020. Mineral composition of cereal and cereal-free dry dog foods versus nutritional guidelines[J]. Molecules (Basel, Switzerland), 25(21): 5173.

KIM H T, LOFTUS J P, MANN S, et al., 2018. Evaluation of arsenic, cadmium, lead and mercury contamination in over-the-counter available dry dog foods with different animal ingredients (red meat, poultry, and fish)[J]. Frontiers in Veterinary Science, 5: 264.

KIM H Y, LEE J Y, YANG H R, 2016. Nutrient intakes and hair mineral contents of young children[J]. Pediatric Gastroenterology, Hepatology & Nutrition, 19(2): 123–129.

KIM Y Y, MAHAN D C, 2001. Effect of dietary selenium source, level, and pig hair color on various selenium indices[J]. Journal of Animal Science, 79(4): 949–955.

LANGLOIS D K, KANEENE J B, YUZBASIYAN–GURKAN V, et al., 2017. Investigation of blood lead concentrations in dogs living in Flint, Michigan[J]. Journal of the American Veterinary Medical Association, 251(8): 912–921.

LUND E M, ARMSTRONG P J, KIRK C A, et al., 1999. Health status and population characteristics of dogs and cats examined at private veterinary practices in the United States[J]. Journal of the American Veterinary Medical Association, 214(9), 1336–1341.

LOFTUS J P, DEROSA S, STRUBLE A M, et al., 2019. One–year study evaluating efficacy of an iodine–restricted diet for the treatment of moderate–to–severe hyperthyroidism in cats[J]. Veterinary Medicine (Auckland, N.Z.), 10: 9–16.

MASTERS D, 1994. Mineral levels in animal health[J]. Australian Veterinary Journal, 70: 463.

MEYER H, 1984. Mineral metabolism and requirements in bitches and suckling pups[C]// In Symposium on Nutrition and Behaviour in Dogs and Cats.

MARKS J, DEBNAM E S, UNWIN R J, 2010. Phosphate homeostasis and the renal–gastrointestinal axis[J]. American Journal of Physiology. Renal Physiology, 299(2): F285–F296.

PAETAU–ROBINSON I, MELENDEZ L D, FORRESTER S D, et al., 2018. Comparison of health parameters in normal cats fed a limited iodine prescription food vs a conventional diet[J]. Journal of Feline Medicine and Surgery, 20: 142–48.

PANTOPOULOS K, PORWAL S K, TARTAKOFF A, et al., 2012. Mechanisms of mammalian iron homeostasis[J]. Biochemistry, 51: 5705–5724.

PEDRINELLI V, ZAFALON R V A, RODRIGUES R B A, et al., 2019. Concentrations of macronutrients, minerals and heavy metals in home–prepared diets for adult dogs and cats[J]. Scientific Reports, 9: 13058.

PEREIRA A M, PINTO E, MATOS E, et al., 2018. Mineral composition of dry dog foods: impact on nutrition and potential toxicity[J]. Journal of Agricultural and Food Chemistry, 66(29): 7822–7830.

SANECKI R K, CORBIN J E, FORBES R M, 1985. Extracutaneous histologic changes accompanying zinc deficiency in pups[J]. American Journal of Veterinary Research, 46: 2120–2123.

SIOW J W, 2018. Zinc toxicosis in a dog secondary to prolonged zinc oxide ingestion[J]. Open Veterinary Journal, 8(4): 458–462.

TARTTELIN M F, HENDRIKS W H, MOUGHAN P J, 1998. Relationship between plasma testosterone and urinary felinine in the growing kitten[J]. Physiology and Behavior, 65(1): 83–87.

UNDERWOOD E J, 1956. Trace elements in human and animal nutrition[M]. New York: Academic Press: 302–346.

ZENTEK J, MEYER H, 1995. Normal handling of diets – are all dogs created equal?[J]. The Journal of Small Animal Practice, 36(8): 354–359.

第六节 水

一、水对宠物的重要性

水是生命之源，对于所有生物来说都是必不可少的（Rush，2013）。水在动物体内起着多种作用，包括营养物质和废物的输送、体温调节、关节润滑等。尽管水对动物的重要性被广泛认可，但许多人可能不知道水对宠物健康的具体影响。概括起来，水对宠物营养的重要性主要体现在以下几个方面（Council，2006）。

水是宠物体内各种化学反应的介质，如水解、氧化还原反应等，同时水也是机体内分泌以及细胞结构保持正常状态的必要物质。水的比热容大，导热性好，蒸发热高，所以水能储存热能，迅速传导热能和蒸发散失热能，有利于动物调节体温。水还具有润滑作用，在动物体关节囊内、体腔内和各器官间的组织液中的水可以减少关节和器官间的摩擦，起到润滑的作用。

由于宠物无法自我表达缺水的需求，因此主人必须密切关注宠物的饮水情况。特别是在炎热或干燥的天气、宠物患病或处于疾病恢复期、长时间没有饮水或饮水不足的情况下，宠物最容易缺水。为了确保宠物的健康和幸福，主人必须提供充足的水源并定期检查宠物的饮水情况。

二、宠物缺水及常见症状

（一）宠物缺水

对人体脱水现象进行的营养研究表明，人类在日常活动中经常会因水分摄入不足而出现轻度脱水现象，当脱水导致体重损失 1% ～ 2% 时，人就会产生口渴感。虽然在过去似乎无关紧要，但直到最近才发现轻度缺水（＜ 2%）会对认知产生影响。一项针对青壮年（男性和女性）和儿童的研究表明，体重损失小于 2% 的脱水会导致认知能力和情绪受损。人类的证据为研究脱水对宠物的大脑健康、行为、认知能力甚至大脑发育等各方面的潜在影响提供了基础（Churchill and Eirmann，2021）。

相比其他营养物质，宠物缺水的临床症状更明显。宠物体内 5% 的水缺失即可导致明显健康问题，10% 则更严重，15% 甚至会导致死亡（Zanghi，2017）。尤其是当宠物正常摄入盐时，若没有水分进行稀释，则会出现盐浓度增高，导致癫痫、高钠血症等疾病。

宠物在以下情况下可能会缺水。运动后缺水：犬猫在剧烈运动或长时间运动后，会大量失水，此时需要补充水分。患病时缺水：犬猫在患病期间，如腹泻、呕吐等，会导致水分流失过多，需要额外补充水分。天气炎热时缺水：犬猫通过舌头表面水分蒸发来散热，因此需要补充水分以防止脱水。饮食过咸时缺水：犬猫摄入了过咸的食物，会引发脱水现象，需要增加饮水量来补充。当犬猫出现排尿次数减少、尿味重、尿液呈深黄色、干眼、眼部分泌物多、口腔干燥、毛发粗糙等症状时，可能就是缺水的表现，此时建议及时补充水分（Donoghue and Langenberg，2010）。

（二）宠物缺水常见症状

犬缺水会导致以下几种情况：①皮肤松弛，鼻子干燥，精神萎靡；②眼睛塌陷或肿胀，食欲下降，四肢无力，脱毛；③引发膀胱尿道结石，长期缺水会导致尿道结石病发率提升。犬长期不喝水会导致身体缺水，随着时间的转变，缺水会越来越严重，严重缺水需要给补液。犬患有尿道结石，一般会有以下症状：尿频、少尿、血尿、排尿困难、频繁舔舐生殖器、排尿时低声呻吟（Koehler et al., 2009）。

大多数犬正常情况下会正常饮水，而猫大多数不爱饮水，因此相对于犬，猫缺水更容易发生。猫饮水不足会导致严重后果：①容易导致猫患上泌尿系统疾病，包括膀胱炎、尿道炎、膀胱结石、肾脏疾病等；②容易导致猫上火，出现口臭、眼睛分泌物增多等症状；③容易导致猫的粪便干硬，出现排便困难、便秘甚至是巨肠炎的症状。在生活中猫尿石症是猫缺水导致的最常见的疾病之一（Queau，2019），原因大多为猫不爱喝水，水分摄取少，导致体内矿物质的浓度提高。而猫排尿次数减少，使得尿液停留在膀胱的时间加长，因此矿物质有时结晶而形成有利于结石的环境，另外尿液的pH值也会影响尿结石的形成，尿液pH值偏酸性容易形成草酸钙结石，尿液pH值偏碱性，容易形成磷酸胺镁结石（Buffington and Chew，1999）。患有尿结石的猫一般有下列几种表现：①尿频，患猫去猫砂盆的次数明显增加，且尿量减少，猫砂盆内的尿液凝块明显变小且数量增多；②尿血，如果猫尿结石情况严重，还会出现血尿的情况；③频繁舔舐生殖器，因为泌尿系统发炎时会引发尿道疼痛及灼热感，猫通过舔舐生殖器来缓解不适。当尿道阻塞，猫无法顺利将尿液排出体外，那体内的毒素就无法经由尿液排出，从而存积在血液循环中，可能会引发呕吐，也就是所谓的尿毒，如果不能及时处理，猫会在阻塞48～72 h后因急性尿毒昏迷，进而死亡。

三、宠物补水及摄入量

（一）宠物补水

给犬猫补水的方法有很多，以下是一些常见的方法。可以给犬猫喂食一些水分含量高的食物，如湿粮、罐头、肉汤等。增加犬猫摄入更多的水分；在犬猫经常活动的地方放置多个水碗，定期更换新鲜的水，让犬猫随时可以喝水。还可以通过增加水的味道，在水中加入一些宠物专用的营养补充剂，如羊奶粉、猫鲜奶、罐头汤、肉汤等，增加水的味道与口感，吸引犬猫喝水。

（二）影响宠物摄水量因素

1. 宠物种类、年龄和体重

不同种类的宠物对水的需要量也不同。例如，猫和犬的饮水量就有所不同，猫因为体型小，饮水量相对较小，而犬因为体型大，活动量也大，所以饮水量相对较大。

幼犬和猫因为新陈代谢旺盛，体内物质代谢速度快，所以需要更多的水分。同时，体重越大的宠物，由于身体器官代谢产生的废物也越多，所以需要更多的水来排出这些废物。

2. 气候环境与饮食

气候炎热或干燥时，宠物需要增加水摄入量以补充体液损失；气候寒冷或潮湿时，宠物需要减少水摄入量以防止感冒或过度排尿。

宠物的饮食也会影响其水摄入量。例如，如果宠物摄入了较多的干粮或含水量较少的食物，就需要额外补充水分（Baker and Czarnecki-Maulden，1991）。

（三）宠物补水摄入量

研究表明，不同年龄、体重、品种和健康状况的宠物对水的摄入量有着不同的需求（Laflamme，2005）。例如，幼犬和老年犬由于新陈代谢旺盛和身体机能下降，需要更多的水分。此外，气温、运动量、饮食等因素也会影响宠物的水分需求。对于猫而言，每天需要摄入的饮水量是 40 ～ 60 mL/kg（体重），例如，体重 5 kg 的猫，饮水量应该在 200 ～ 300 mL 比较正常（Doris and Baker，1981）。对于犬而言，一般来说成犬每日需水量与干物质量的比例约为 3∶1，每千克体重需饮水 30 ～ 40 mL，但也会根据犬自身的情况和气候环境有所不同。

估算宠物的水摄入量可以使用以下两种方法：①观察法：观察宠物的排尿量和排便量，如果发现宠物排尿或排便次数减少、尿液变浓、粪便变硬，说明宠物可能饮水不足；②称重法：在宠物饮水前称其体重，然后观察宠物饮水后的体重变化。同时，应该注意一些事项。

1. 避免给宠物喝生水

生水中可能含有寄生虫、细菌等有害物质，对宠物健康不利。应给宠物喝经过煮沸或过滤的饮用水。注意水质变化：如果发现宠物饮水量减少，可能是水质变差，例如水中出现杂质、异味等，此时应更换清洁水源。

2. 控制宠物饮水量

虽然宠物需要充足的水分以保证健康，但并不意味着水喝得越多越好。过多的水分摄入可能导致宠物出现水中毒或消化不良等问题。因此，在保证充足水分的前提下，还要控制宠物的饮水量。

3. 特殊情况下的水摄入

如果宠物患有糖尿病、肾脏疾病等慢性病，需要根据医生的建议调整饮食和水分摄入量。总之，宠物的水摄入量对其健康和营养状况有着重要影响。在日常生活中，主人应该注意观察宠物的饮水情况，及时调整宠物的饮食和水分摄入量，以保证宠物的健康。

参考文献

BAKER D, CZARNECKI–MAULDEN G, 1991. Comparative nutrition of cats and dogs[J]. Annual Review of Nutrition, 11: 239–263.

BUFFINGTON C A, CHEW D J., 1999. Calcium oxalate urolithiasis in cats[J]. Journal of Endourology, 13:659–663.

CHURCHILL J A, EIRMANN L, 2021. Senior pet nutrition and management[J]. Veterinary Clinics: Small Animal Practice, 51: 635–651.

COUNCIL N R, 2006. Nutrient requirements of dogs and cats[M]. Washington, DC: National Academies Press.

DONOGHUE S, LANGENBERG J, 2010. Clinical nutrition of exotic pets[J]. Australian Veterinary Journal, 71:101–110.

DORIS P, BAKER M, 1981. Effects of dehydration on thermoregulation in cats exposed to high ambient temperatures[J]. Journal of Applied Physiology, 51: 46–54.

GOUCHER T K, HARTZELL A M, SEALES T S, et al., 2019. Evaluation of skin turgor and capillary refill time as predictors of dehydration in exercising dogs[J]. American Journal of Veterinary Research, 80:123–128.

KOEHLER L A, OSBORNE C A, BUETTNER M T, et al., 2009. Canine uroliths: frequently asked questions and their answers[J]. Vet Clin North Am Small Anim Pract, 39:161–181.

LAFLAMME D P, 2005. Nutrition for aging cats and dogs and the importance of body condition[J]. Veterinary Clinics: Small Animal Practice, 35: 713–742.

QUEAU Y. 2019. Nutritional Management of Urolithiasis[J]. Vet Clin North Am Small Anim Pract, 49:175–186.
RUSH E C, 2013. Water: neglected, unappreciated and under researched[J]. European Journal of Clinical Nutrition, 67:50.
ZANGHI B, 2017. Water needs and hydration for cats and dogs[C]// Vancouver, BC: Proceedings, Nestlé Purina Companion Animal Nutrition Summit, 15–23.

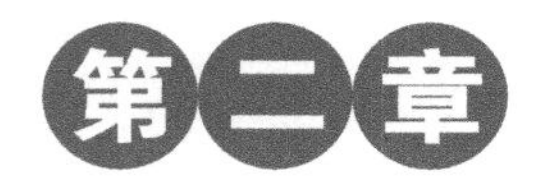

犬猫营养与健康篇

第一节　犬猫营养与免疫

一、犬猫免疫系统概述

免疫系统是机体防卫、清除和监控来自体内外异物入侵损伤的防御系统。犬猫作为哺乳动物，其免疫系统发挥免疫功能的主要有淋巴细胞、免疫球蛋白、细胞因子、单核细胞、中性粒细胞和巨噬细胞等，共同调节着犬猫的免疫系统。营养影响着机体物质代谢和各项生理机能，营养物质可直接或间接影响机体免疫系统反应。

（一）淋巴细胞

淋巴细胞中的 B 细胞与 T 细胞发挥巨大作用。T 细胞抗原受体（TCR）和 B 细胞抗原受体（BCR）是由各种蛋白质形成的复杂结构。抗原呈递细胞（APCs）建立了先天和适应性免疫反应之间的联系。APCs 吞噬微生物，将其消化成小的抗原片段，并将其暴露在与主要组织相容性复合体（MHC）分子相关的细胞表面。由 APCs 呈递的抗原可以被淋巴细胞识别。树突状细胞是几乎存在于全身的前哨细胞，是强有力的 APCs，能够刺激 T 细胞。巨噬细胞和 B 淋巴细胞是较弱的 APCs。一旦淋巴细胞离开中央淋巴组织（骨髓、胸腺），它们就被血液带到外周淋巴组织。高达 50% 的外周血白细胞是淋巴细胞。

与人和鼠的淋巴细胞相似，猫的 T 细胞通过传代而富集，表面具有胸腺细胞抗原，可以与沙鼠、豚鼠和大鼠的红细胞结合；猫 B 细胞的发育模式类似于其他哺乳动物，B 细胞表面具有表面免疫球蛋白和补体受体。

（二）免疫球蛋白

犬猫中的免疫球蛋白有 G、M、A、E 四种类型（Vaerman，1969）。猫血清中正常的免疫球蛋白浓度根据猫的饲养环境而有很大的不同。猫舍的猫比家猫具有更高的免疫球蛋白水平。在结构上，猫 IgG 类似于人 IgG（Datz，2010）。一些人类或哺乳动物免疫球蛋白的抗血清也识别相应类别的猫免疫球蛋白。在人类医学中免疫球蛋白 GA 相关疾病（IgG4–RD）影响许多器官系统，在犬中也有发现（Schafer–Somi，2005）。

（三）中性粒细胞、单核细胞和巨噬细胞

中性粒细胞是最丰富的白细胞，占成犬白细胞总数的 75%（Reynolds，1970）。血液单核细胞占成犬白细胞总数的 5%（Heddle，1975）。这些细胞可以进行多种多样的活动，例如吞噬作用、巨噬细胞细胞外陷阱（METs）的释放、抗原呈递、组织修复，并且还具有清道夫细胞的功能。中性粒细胞和巨噬细胞使用预先存在的受体，如模式识别受体（PRRs）来识别几种微生物共有的分子抗原模式（PAMPs），使它们能够吞噬和破坏入侵者。自然杀伤（NK）细胞具有由正常细胞表达的表面分子的受体。当这些分子在感染和改变的细胞中改变或缺失时，NK 细胞可以诱导靶细胞的细胞溶解或凋亡。

猫巨噬细胞类似于其他哺乳动物的巨噬细胞。来自病原体感染（弓形虫，猫免疫缺陷病毒）猫的巨噬细胞，比来自未感染猫的巨噬细胞具有更强的杀微生物活性。这种杀微生物活性通过将猫巨噬细胞与促分裂原刺激的淋巴细胞培养基一起孵育而增强。与猫肺泡巨噬细胞相比，猫腹腔巨噬细胞具有更高的杀微生物活性，并在响应脂多糖刺激时释放更多的白细胞介素。与犬相比，猫的血源性病原体和微粒主要由肺血管内巨噬细胞清除。占外周血白细胞不到 5% 的猫单核细胞，对来自刺桐种子的凝集素具有高亲和力受体。猫单核细胞是抗体依赖性细胞毒性中的效应细胞（Chastant-Maillard，2017）。

（四）细胞因子

1. 白细胞介素

猫中检测到的白细胞介素主要有三种：白细胞介素 1（IL-1）、白细胞介素 2（IL-2）和白细胞介素 6（IL-6），IL-1 主要由巨噬细胞和单核细胞分泌，对于诱导 T 细胞释放淋巴因子、共刺激 B 细胞分化和增殖以及增强自然杀伤细胞活性非常重要，其分子量为 12 000 ～ 20 000 Da（Ricks et al.，1971）。猫 IL-6 的生物活性与人和鼠 IL-6 相似。然而，这些白细胞介素的物理化学性质略有不同（Kennedy，2010）。IL-2 是由抗原或促有丝分裂原刺激的 T 细胞产生的淋巴因子之一，具有许多生物学特性，如诱导细胞毒性 T 细胞、激活自然杀伤细胞和增强 T 细胞产生干扰素 -r。这些发现表明，IL-2 在细胞介导的免疫调节中起着重要作用，与其他系统类似，富含 IL-2 的猫上清液能够促进猫外周血淋巴细胞的细胞毒性活性。IL-6 作用于多种靶细胞，包括 T 细胞、B 细胞、成纤维细胞、骨髓祖细胞和肝细胞。

2. 干扰素

已知三种主要类型的干扰素（IFN）在不同的细胞类型中产生。在用葡萄球菌肠毒素 A 刺激的猫淋巴细胞中也诱导了猫 IFN-z 样活性（Thacker，2010）。 被感染的猫被

给予人IFN与AZT联合抵抗猫白血病病毒的攻击（Satyaraj，2011）。

3. 肿瘤坏死因子

肿瘤坏死因子（TNF）被描述为内毒素给药后接种卡介苗（BCG）的小鼠血清衍生的肿瘤特异性细胞杀伤因子。猫对人TNF有反应。TNF-e主要由巨噬细胞分泌，TNF-b主要由T淋巴细胞产生，TNF-n和TNF-Q是不同的蛋白质，但它们结合相同的受体，并且在大多数情况下，引发相同的反应。在损伤部位产生的TNF可以募集和激活巨噬细胞。除了TNF-z的直接作用，它与其他细胞因子的相互作用使其在细胞生长和功能的调节中发挥更强大的作用（Schultz，2010）。

二、营养对犬猫免疫系统的影响

影响犬猫免疫系统的因素有很多，饮食、药物、疾病、辐射、创伤、毒素、年龄等，其中饮食的影响不容忽视，饮食与宠物的营养息息相关（邱晨，2019）。营养参与犬猫免疫增强、免疫调节和免疫抑制，特别对于患病的犬猫，营养的支持尤为重要，不仅可以改变疾病的治疗效果，纠正和预防患病中犬猫的营养不足，更重要的是通过其中特异营养素的药理学作用达到治疗目的（郭冬生，2021）。此外，营养素会进一步促进患病犬猫的康复，免疫与营养被越来越多的学者关注（郭宝发，2009）。值得注意的是，免疫系统受影响因素过多，并非营养越充足越好，过度营养可能会造成肥胖型炎症及自身免疫疾病（庞广昌，2018）。适度补充营养才能对犬猫免疫系统发挥正向作用，为犬猫的健康做好保障。

（一）成犬猫营养与免疫

营养可影响宠物免疫系统。体内超过65%的免疫细胞存在于肠道中，使肠道成为“最大的免疫器官”（Nilsson，2014）。存在于肠道免疫细胞上的受体是通过饮食进行免疫调节的主要靶标。饮食在多个层面上与免疫系统相互作用，从提供基本营养素开始，然后继续提供更高水平的关键营养素，如蛋白质、维生素和矿物质，并导致更集中的免疫系统调节。

1. 蛋白质

饮食中蛋白质为机体蛋白质合成提供必需氨基酸，对糖脂代谢、维持血压、骨代谢和免疫功能起重要作用。

犬猫粮中蛋白质含量不足，会使犬猫获取的氨基酸不足，导致免疫抑制与对传染病的抵抗力下降。已有研究表明，在犬粮中添加水解蛋白进行饲喂，有助于缓解犬的慢性肠炎（Mandigers et al.，2010），一定程度说明水解蛋白有利于肠道受损的犬猫恢复健康。饮食在多个层面上与免疫系统相互作用，其中的原理主要是因为氨基酸能够参与T细胞与B细胞、自然杀伤细胞和巨噬细胞的活化，而这些过程会产生一些物质去参与基因表达、淋巴细胞增殖以及抗体、细胞因子和其他细胞毒性物质的产生。比如精氨酸，它在淋巴细胞发育中十分重要，缺乏精氨酸会导致次级淋巴器官中B细胞数量减少，有研究表明补充精氨酸后T细胞有丝分裂原PHA的淋巴细胞增殖反应显著增强（Rutherfurd–Markwic，2013）；天冬氨酸和谷氨酸参与白细胞的代谢和功能以及淋巴细胞的增殖。谷氨酰胺被认为是免疫系统的重要能量和物质来源，补充谷氨酰胺可以增强动物的免疫力，这表明缺乏谷氨酰胺可能会导致免疫抑制；谷氨酸是合成γ–氨基丁酸（GABA）的底物，GABA存在于巨噬细胞和淋巴细胞中，T细胞表达GABA受体，与免疫系统紧密相关（Li，2007）。支链氨基酸在饮食中缺乏会减少肿瘤细胞溶解，并增加对感染的易感性，赖氨酸缺乏会降低免疫力，含硫氨基酸（甲硫氨酸和半胱氨酸）是T细胞和B细胞增殖和功能所必需的，补充这些氨基酸可以提高动物的抗病能力；牛磺酸在猫的饮食中缺乏会导致几种不良后果，包括脾脏和淋巴结萎缩、淋巴细胞减少、吞噬细胞受损及免疫系统受损（叶仕斌，2021）。

2. 碳水化合物

碳水化合物主要用于供给热量、平衡体温，迅速补充各器官在运动中释放掉的能量。碳水化合物不足时，宠物就要动用体内贮备物质（糖原、体脂肪，甚至体蛋白）来维持机体代谢水平，从而出现体况消瘦、体重减轻、繁殖和免疫性能降低等现象。如果大量缺乏碳水化合物，会导致宠物生长迟缓、发育缓慢、容易疲劳。猫食品中一般的纤维（纤维素、半纤维素、果胶）来源包括次粉、甜菜粕、大豆皮、花生壳和一些果渣。谷物中也含有少量的日粮纤维。这些日粮成分不能被猫消化道中的酶消化，但是可以被结肠的细菌发酵。这些纤维成分的可溶性，对猫有一些有益的作用：一方面它能维护猫肠道的正常功能，提高肠道的免疫机能（Reinhart et al.，1994）；另一方面肠道后段发酵能产生一些短链脂肪酸，为肠道上皮细胞提供能量。

另外，对肥胖猫来说，高纤维水平（占干物质的5%～25%）会减少日粮的能量浓度增加饱腹感，减轻体重。高水平的日粮纤维也用于正常体重的成猫，以保证在自由采食情况下维持正常体重。但是，也应该考虑到高纤维水平的副作用，包括增加粪便的排泄量、降低营养物质的消化率、改善肠道免疫和毛发健康。

多糖不仅能够激活T淋巴免疫细胞、B淋巴免疫细胞、细胞毒T细胞，还有淋巴因子激活的杀伤免疫细胞等，也能促进免疫细胞因子生成，调节机体抗体和补体生成，进而提高机体抗肿瘤的免疫能力（杨源涛，2017）。近年来，针对多糖类化合物对于宠物免疫健康方向研究较多，大多从植物中提取多糖类。在日粮中添加饲喂，通过影响肠道微生态系统来改善机体健康。有研究发现，日粮中添加黄芪多糖能够显著提高犬血清中的免疫球蛋白表达量，提高机体免疫力（舒迎霜，2019）。而脂多糖对于宠物炎症反应有较大影响，有研究表明脂多糖（lipopolysaccharide，LPS）100 ng/kg静脉注射可以诱导犬和人产生急性炎症反应，表现为大量中性粒细胞激活后吸附和移走进入血管内皮，造成犬和人血中性粒细胞数量急剧下降。在猫上的研究发现，茯苓多糖（poria cocos polysaccharide，PCP）能够有效降低脂多糖（lipopolysaccharide，LPS）诱导的猫肾细胞（crandell rees feline kidney，CRFK）炎症反应（刘佳丽，2023）。中草药提取酸性黏多糖即透明质酸对脂多糖致犬炎症也有改善作用（王家麒，2022）。

3. 脂肪

脂肪是机体所需能量的重要来源之一。脂质在免疫调节中也发挥着重要作用，饮食中的脂肪以多种方式影响免疫力。饮食中脂肪酸的含量和组成都显示出免疫调节作用（German，2016）。研究表明，多不饱和脂肪酸（PUFAs）可以增强体液免疫、细胞免疫和单核 – 巨噬细胞功能这 3 个方面有效调节机体的免疫能力，有效提高机体的免疫应答，有助于机体抵抗免疫性疾病（袁祎琳 等，2023）。当在体外研究时，PUFAs 会抑制淋巴细胞增殖和自然杀伤（NK）细胞活性，减少细胞因子的分泌，并导致远离辅助性 T 细胞反应。人类和动物研究表明，长链多不饱和脂肪酸在高剂量下具有免疫抑制作用，并已用于治疗免疫介导的疾病，如类风湿性关节炎。有研究发现 ω–3 脂肪酸在进行皮肤病的辅助治疗时具有较强优势，可加强皮肤屏障功能的修复，提高皮肤免疫力，并减轻动物亚临床症状（李丽芳，2022）。

4. 微量元素

饮食中矿物质的补充也尤为重要，与免疫相关的矿物质主要有铜、锌、铁、硒。充足的膳食铜摄入量对维持免疫反应非常重要，饮食中铜的缺少可导致抗体产生和细胞介导的免疫减少，并增加对感染的易感性。锌缺乏与淋巴细胞减少、胸腺萎缩、NK 和 CD4 细胞活性降低以及中性粒细胞趋化性降低有关。锌是维持犬被毛和皮肤健康的重要元素，锌摄取减少、日粮配比不当、锌吸收障碍等均会导致犬锌缺乏。有研究表明，缺锌犬皮肤会出现结痂、脱毛、红斑和鳞屑等症状，时常伴发细菌感染和瘙痒症状（王欣玥，2021）；锌影响胸腺发育，血清硒含量影响犬猫肿瘤发生、过敏等免疫过程（袁祎琳 等，2023）。膳食铁缺乏或铁丢失增加可导致 T 细胞反应、细胞因子和抗体产生以及吞噬细胞活性的降低；硒缺乏损害淋巴细胞增殖、抗体产生和中性粒细胞趋化性。

5. 维生素

维生素是一类不能用来产能，而是用来构成动物体组成成分的有机营养物质。分为脂溶性维生素（维生素 A、维生素 D、维生素 E、维生素 K）和水溶性维生素（B 族维生素和维生素 C 等）。与免疫密切相关的包括维生素 A、维生素 C、维生素 E。维生素 A 具备改善宠物视力、保持上皮组织健康、维持骨骼正常发育、促进宠物生长、参与性激素形成、提高机体免疫力等功能。维生素 A 缺乏会导致上皮和黏膜表面异常（先天免疫）、中性粒细胞和 NK 细胞功能受损、B 细胞数量和功能减少以及感染风险增加。生长犬对维生素 A 的维持需要量为 220 U/kg，成犬的需要量减半，和犬不同的是，猫缺少将植物内的胡萝卜素转变为维生素 A 的能力，因此维生素 A 需要量较高，每天需要补充 500 ～ 700 μg，怀孕、哺乳和生病的猫需多提供一些。维生素 C 又称抗坏血酸，宠物体内能够部分合成维生素 C（通过体内的葡萄糖合成），维生素 C 可以提高宠物的免疫力。但维生素 C 添加过多会造成犬的酸中毒、胃肠道疾病、糖尿病、过敏反应、变态反应等。维生素 E 有抗氧化的功能。研究表明，犬饮食中的维生素 E 不足可引起淋巴细胞增殖减少，给猫饲喂高水平的维生素 E 可能提高其免疫能力（王国华，2018）。维生素 E 虽然在宠物体内不能合成，但可以大量贮存在脂肪等组织中。饮食中添加维生素 B_{12} 乳酸菌可以改善肠胃环境，预防肠道炎症（李本睿，2021）。

6. 其他

多酚类物质被称为“第七类营养素”，常见的植物多酚具有抗氧化、降血脂、抗炎等作用，宠物体内不能合成。有研究发现绿茶粉与茶多酚联合使用可以调节脂代谢平衡、改善抗氧化能力、抑制促炎因子生成、提升机体免疫球蛋白含量、增强免疫力（梁婷，2019）。

新生哺乳动物在出生后的前 24 h 内获得被动免疫，因为可渗透性的胃肠道允许母乳初乳中的大量免疫球蛋白在出生后 24 ～ 48 h 自由通过肠道屏障。牛初乳已被鉴定为提供这种免疫刺激生物活性成分的原料之一。补充牛初乳和益生菌，有助于防止宠物因断奶和运输等应激因素导致的消化不良问题（胡姝敏，2023）。牛初乳含有乳铁蛋白、乳球蛋白、乳白蛋白，这些都被证明可以调节免疫功能和平衡肠道菌群。

乳铁蛋白通过隔离肠道中的铁来抑制有害菌群，促进有益菌、乳酸杆菌和双歧杆菌的生长。乳铁蛋白是天然免疫的重要组成部分，在防御感染和炎症方面发挥着重要作用，通过调节天然免疫（尤其是巨噬细胞、中性粒细胞、嗜碱性粒细胞、嗜酸性粒细胞、肥大细胞和自然杀伤细胞）和适应性免疫（B 细胞、T 细胞、抗原提呈细胞和树突状细胞）来达到其效果。然而，幼猫和幼犬转移这些因子的时间较短，最佳转移在出生后 3 ～ 6 h，并在 16 ～ 24 h 完成。这些营养物质和原料含有生物活性成分，能促进免疫和胃肠道系统发育。初乳中的天然抗体可以增强幼犬或幼猫免疫系统的发育，能够平衡肠道中的有益菌和有害菌，促进肠道菌群对营养物质的吸收，降低感染、腹泻和肠道炎症的发生（肖再利，2023）。

同时，肠道正常菌群发挥着刺激机体免疫系统发育、激活细胞免疫等作用。肠道中的两大代表性有益菌为“乳酸杆菌”和“双歧杆菌”，它们的活菌体和菌体中的一些成分（破碎液、发酵液）都能够起到增强机体免疫的作用。此外，双歧杆菌能通过刺激免疫细胞产生重要的细胞因子白介素来促进动物机体内重要的免疫细胞——淋巴细胞的增殖、分化、成熟，增强免疫细胞对病原体的杀伤力。

（二）幼犬猫营养与免疫

犬猫免疫系统发育始于胎儿期，猫妊娠 17 d 时胎儿循环系统中出现中性粒细胞；犬妊娠 23 d，胎儿循环系统中出现粒细胞祖细胞；犬猫妊娠 25 d，胎儿循环系统中出现淋巴细胞；犬妊娠 45 ～ 55 d 和猫妊娠 40 ～ 52 d，次级淋巴器官中就出现成熟淋巴细胞（Pereira et al.，2023）。犬猫母体生理状态和营养状况好坏可直接或间接影响子代出生后免疫力高低，怀孕母体炎症和氧化应激会破坏子代免疫细胞（如 T 细胞和巨噬细胞）的稳态。

犬猫出生时，血液中免疫球蛋白浓度相对低，犬猫主要通过初乳提供母源抗体来抵御病原侵害，是否及时摄入初乳与新生儿死亡率高低密切相关（Korime，2006）。犬体内 IgG 极少一部分是通过胎盘获得，绝大多数是出生后几小时后通过初乳获得，出生后 8 h，肠道对 IgG 的吸收率将达到 14%；出生 24 h 后肠道大分子通道关闭，就无法再吸收 IgG 入血作为功能性物质用于提升免疫力（Mila et al.，2017）。犬猫出生后及时摄入初乳对其健康的影响可能长达一生。

参考文献

郭宝发，王宏涛，肖太学，2009. 宠物免疫营养疗法及临床应用［J］. 中国工作犬业（12）:19-21.

郭冬生，2021. 营养与免疫关系及其研究进展［J］. 湖南文理学院学报（自然科学版），33（3）:24-27+48.

胡姝敏，王艳玲，巩燕妮，等，2023. 含益生菌的牛初乳生物学作用研究进展［J］. 中国乳品工业，51（3）: 51-54+60.

李本睿，2021. 犬源产维生素 B_{12} 乳酸菌在慢性炎症性肠病中的初步应用［D］. 南京：南京农业大学 .

李丽芳，申文婷，邢德林，等，2022. ω-3 脂肪酸对犬皮肤病的疗效研究［J］. 现代畜牧兽医（5）: 49-52.

梁婷，2019. 绿茶和茶多酚对高脂犬血脂、抗氧化、抗炎与免疫指标的影响［D］. 合肥：安徽农业大学 .

刘佳丽，林冰，刘欣，等，2023. 茯苓多糖对 LPS 诱导猫肾细胞炎症的保护作用研究［J］. 中国畜牧兽医，50（11）: 4747-4758.

庞广昌，陈庆森，胡志和，等，2018. 食品营养与免疫代谢关系研究进展［J］. 食品科学，39（1）:1-15.

邱晨，薛仁杰，田曼，2019. 宠物过敏原与儿童气道过敏性疾病的关系［J］. 医学综述，25（13）: 2520-2524.

舒迎霜，贺濛初，曹护群，等，2019. 黄芪多糖对犬血清免疫球蛋白、IFN-γ 水平及分泌型 IgA

表达的影响［J］. 西北农业学报，28（2）:176–182.

王国华，李海云，冯杰，2018. 宠物犬、猫维生素营养需求研究进展［J］. 饲料研究（6）:29–32.

王家麒，郭田田，惠鑫鸿，等，2022. 35 kDa 透明质酸片段对脂多糖致犬炎症的作用［J］. 青岛农业大学学报（自然科学版），39（2）:109–113+127.

王欣玥，林莹莹，杨烁琦，等，2021. 犬缺锌皮肤病的研究进展［J］. 湖北畜牧兽医，42（10）:11–14.

肖再利，唐超，赵世元，等，2023. 复合免疫增强成分对幼猫生长指标和免疫功能的影响［J］. 广东饲料，32（10）: 32–37.

杨源涛，段升仁，孙丽娜，等，2017. 植物多糖的研究进展［J］. 当代化工研究（6）:164–165.

叶仕斌，邓近平，刘清神，等，2021. 牛磺酸营养研究进展及其在猫粮中的应用［J］. 广东畜牧兽医科技，46（3）:21–26+43.

袁祎琳，王婷婷，蔡旋，2023. 犬猫常见的免疫问题及食物调节措施［J］. 广东饲料，32（10）:46–50.

CHASTANT–MAILLARD S, AGGOUNI C, 2017. Canine and feline colostrum[J]. Reproduction in Domestic Animals, 52: 148–152.

DATZ T, CRAIG A, 2010. Noninfectious causes of immuno suppression in dogs and cats[J].Veterinary Clinics of North America Small Animal Practice, 40(3): 459.

DE KLEIJN S, KOS M, SAMA I E, et al., 2012.Transcriptome kinetics of circulating neutrophils during human experimental endotoxemia[J].The public library of science one,7(6):e38255–38268.

GERMAN A, 2016. Outcomes of weight management in obese pet dogs: what can we do better[J]. Proceedings of the Nutrition Society, 75(3): 398–404.

HEDDLE R, ROWLEY J, 1975. Dog Immuno globulins[J]. Immunology, 29: 185–195.

KENNEDY M A, 2010. A brief review of the basics of immunology:the innate and adaptive response[J]. Veterinary Clinics of North America Small Animal Practice, 40(3): 369–379.

KORINN E, SAKE R, 2006. Nutrition and immune function[J]. Veterinary Clinics of North America: Small Animal Practice, 36 (6): 1199–1224.

Li P, Yin Y L, Li D, 2007. Amino acids and immune function[J]. Brith Journd of Nutrition Nutr, 98(2):237–252.

MANDIGERS P, 2010. The gruel and the dogmatism of a mandatory pension[J]. Tijdschrift voor Diergenees Ku– nde , 135(17):650–651.

MILA H, GRELLET A, MARIANI C, et al., 2017. Natural and artificial hyperimmune solutions: impact on health in puppies[J]. Reproduction in Domestic Animals, 2017, 52(S2):163–169.

NILSSON O, HAGE M, 2014. Mammalian–derived respiratory allergens–implications for diagnosis and therapy of individuals allergicto furry animals[J]. Methods, 66(1):86–95.

PEREIRA K, FUCHS K, MENDONC A, et al., 2023. Topics on maternal, fetal and neonatal mmunology of dogs and cats[J]. Veterinary Immunology and Immunopathology, 266: 110678.

REINHART G A, MOXLEY R A, CLEMENS E T, 1994. Dietary fiber sources and its effects on colonic microstructure, function and histopathology of Beagle dogs[J]. Journal of Nutrition, 124: 2701–2703.

REYNOLDS H Y, JOHNSON S J, 1970. Quantitation of canine immuno globulins[J]. The Journal of Immunology, 105: 698–703.

RICKS J, ROBERTS M, PATTERSON R, 1971. Canine secretory immunoglo bulins:identification of secretory component[J]. The Journal of Immunology, 105: 1327–1333.

RUTHERFURD–MARKWICK K J, Hendriks W H , MOREL PCH , 2013. The potential for enhancement of immunity in cats by dietary supplementation[J]. Veterinary Immunology and Immunopathology, 152(3–4): 333–340.

SATYARAJ E, 2011. Emerging paradigms in immunonutrition[J]. Topics in Companion Animal Medicine, 26(1): 25–32.

SCHAFER–SOMI S, BAR–SCHADLER S, AURICH J E, 2005. Immuno globulins in nasal secretions of dog puppies from birth to six weeks of age[J].Research in Veterinary Science, 78(2):143–150.

SCHULTZ R D, Thiel B, Mukhtar E, et al., 2010. Age and long–term protective immunity in dogs and cats[J]. Journal of Comparative Pathology, 142: 102–108.

THACKER E L, 2010. Immuno modulators, immuno stimulants, and immuno therapies in small animal veterinary medicine[J].Veterinary Clinics of North America Small Animal Practice, 40(3): 473–483.

VAERMAN J, 1969. The immunoglobulins of the dog– Ⅱ .The immuno globulins of canine secretions[J]. Immuno Chemistry, 6: 779–780.

第二节　营养与代谢病

新陈代谢是指在机体中所进行的众多化学变化的总和，是机体生命活动的基础。通过新陈代谢，使机体与环境之间不断进行物质转化，同时体内物质又不断进行分解、利用与更新，为机体的生存、运动、生长、发育、生殖和维持内环境稳定提供物质和能量。营养物质的不足、过多或比例不当，体内代谢的某一环节出现障碍，均可导致营养代谢性疾病的发生。饮食、运动等生活方式与营养代谢性疾病关系密切。因此，平衡犬猫饮食中的各类营养要素对维持犬猫健康非常重要。犬猫营养代谢病可能因营养过剩或营养缺乏导致，这两种情况导致的营养代谢病均可给犬猫带来负面影响，但这种负面影响不会立刻表现为严重的疾病进程，而是从微小的改变最终累积为严重的疾病。所以在日常生活中，对犬猫精神状态、被毛状态、饮食状态及排便状态进行监测就显得尤为重要，犬猫精神萎靡、被毛凌乱、食欲不振及腹泻等情况出现都可能暗示潜在的严重疾病。本节对临床常见的营养代谢病病因和相关症状及营养管理方法进行了阐述，并列举了近年来最新的宠物相关营养代谢病研究进展，为临床更好地预防宠物营养代谢病的发生及营养代谢病的预后管理提供方法参考。

一、营养代谢病——整体

（一）肥胖

肥胖是否是一种疾病虽然有不少争议，但肥胖能引起各种疾病却是不争的事实。肥胖是诱发高血压、冠心病、中风、Ⅱ型糖尿病、血脂代谢异常和其他慢性疾病的根源，且已在宠物临床中广泛出现，但在宠物临床上仍缺乏能对肥胖进行有效治疗的药物，并且因肥胖而导致的其他继发疾病，如糖尿病、胰腺炎等已严重影响了宠物健康甚至生命（Switonski et al.，2013）。患肥胖症的犬、猫体重明显高于同类品种，体态丰满，皮下脂肪丰富，用手不易触摸到肋骨，尾根两侧及腰部脂肪隆起，腹部下垂或增宽；食欲亢进或减退，不耐热，不爱活动，行动缓慢，动作不灵活，易疲劳，易喘，贪睡，容易和主人失去亲和力。患肥胖症的犬、猫容易发生关节炎、骨折、椎间盘病、膝关节前十字韧带断裂，易患心脏病、糖尿病，影响生殖功能，同时在麻醉和手术时也易发生问题，严重时危及生命（Conway et al.，2004）。

临床通过体况评分（body condition score，BCS）判定动物肥胖，体况评分大于6

则视为肥胖，具体评分细则见表 2-1。

表 2-1　犬猫体况得分（BCS）

分数		犬	猫
过瘦	1	从一定距离观察，肋骨、腰椎、骨盆骨和所有骨骼突起明显。无可视脂肪存在，肌肉量明显缺少	肋骨可视，无可触及的脂肪，腹部皱褶极多，腰椎容易触及
	2	容易看到肋骨、腰椎和骨盆骨。无可触及的脂肪。其他骨骼有一些突起	肋骨容易看到，腰椎明显且有少量肌肉，腹部皱褶明显，无可触及的脂肪
	3	肋骨容易触及且可视，无可触及的脂肪。腰椎上部可视。骨盆骨突起。腰部和腹部皱褶明显	肋骨容易触及，有少量脂肪覆盖；腰椎明显；肋弓后腰部明显；腹部少量脂肪
理想体重	4	肋骨容易触及，少量脂肪覆盖。从上观察腰部容易看出。腹部皱褶明显	肋骨触及有少量脂肪覆盖，肋弓后腰部明显，腹部少量皱褶，无腹部脂肪垫
	5	肋骨可触及且无过多脂肪覆盖。从上观察腰部容易看出。侧面观察腹部收起	体型匀称，可观察到肋弓后腰部，肋弓触及有轻度脂肪覆盖，腹部脂肪少量
	6	肋骨可触及，脂肪覆盖轻度过多。从上观察腰部可辨出，但不显著。腹部皱褶可见	肋骨触及有轻度过多脂肪覆盖，腰部和腹部脂肪垫可辨但不明显，腹部皱褶缺失
肥胖	7	肋骨触及困难，覆盖脂肪过多。腰区和尾根脂肪沉积明显。腰部不可见或勉强可视。腹部皱褶可能看得见	肋骨不容易触及，有中度脂肪覆盖；腰部不易辨认；腹部明显变圆；腹部脂肪垫中度
	8	肋骨由于覆盖过多脂肪无法触及，或施加一定压力可触及。腰部和尾根脂肪沉积过多。腰部不可见。无腹部皱褶。腹部可能出现明显膨大	肋骨由于过度脂肪覆盖而不能触及；腰部不可见；腹部明显变圆，且有显著的脂肪垫；腰部出现脂肪沉积
	9	胸部、脊柱和尾根脂肪过度沉积。腰部和腹部皱褶缺失。颈部和四肢脂肪沉积。腹部明显膨大	肋骨无法触及，覆盖大量脂肪；腰部、面部和四肢脂肪大量沉积；腹部膨大，无法看到腰部；腹部脂肪过度沉积

资料来源：世界小动物兽医协会（WSAVA）。

1. 病因

肥胖是由遗传和环境交互作用引起的复杂疾病，引起肥胖的主要原因是不良的饮食习惯，尤其是过多的脂肪摄入，以及静止的生活方式，由此引起热能摄入与消耗的失衡，造成脂肪在体内的过度蓄积。动物的胖瘦是由摄取的热量与消耗的热量之间的平衡关系来决定的。一旦平衡失调肥胖就会发生。多数肥胖由过食引起，这是营养过剩犬猫常见的营养代谢性疾病，其发病率远远高于各种营养缺乏症。目前临床认为体重超过正常值的 15%就为肥胖动物。

2. 肥胖动物的营养管理

肥胖的防治应以预防为重点，主要为饮食上的营养管理，可采取定时定量饲喂，少吃多餐，一天食量可分成 3 ～ 4 次，停食期间，不给任何食物。减少采食量，犬可喂平时食量的 60%、猫为 66%（Muscogiuri et al.，2019）。每天有规律地进行 20 ～

30 min 的小到中等程度的运动；饲喂高纤维、低能量、低脂肪食物或减肥处方食品，使其具有饱腹感不饥饿；使用有助于改变体内脂质代谢的产品，以帮助脂质排出而不是积累在动物体内。

（二）糖尿病

糖尿病（diabetes mellitus, DM）是一种复杂且难以治愈的内分泌疾病，不仅广泛存在于人类个体中，在犬猫等宠物身上同样存在相似的患病机制与病理特征。糖尿病定义为一组具有多种病因的异质性疾病，其特征为胰岛素分泌不足、胰岛素作用不足或两者兼有导致的高血糖症（Gilor et al.，2019）。血液中长期存在的血糖升高会导致肾脏、肝脏、心脏等器官受损和功能性障碍。糖尿病的主要症状包括多饮、多尿和多食，同时出现体重下降。犬可能因为上述原因出现一些“异常”的行为问题，如主动喝水、频繁要求外出、在家中排尿等表现。猫可能会出现“糖尿病性神经病变”，这是一种影响神经，尤其是后肢神经的病变。这些猫通常表现出摇晃，且行走、跳跃困难。除此之外，糖尿病还会引起一系列的并发症如失明、白内障、慢性胰腺炎、呼吸系统和皮肤感染，严重的糖尿病还可能发展为糖尿病酮症酸中毒。当血糖没有超过肾小管阈值，葡萄糖不会溢出到尿液中，不会引起糖尿现象。通常犬血糖＞200 mg/dL、猫血糖＞250 mg/dL 才会出现糖尿。当小于这个数值时，犬猫在临床上一般不会出现症状。临床上，糖尿病的诊断是基于持续性高血糖（犬＞200 mg/dL、猫＞250 mg/dL ）和持续性糖尿（Costa，2023）。检测果糖胺有助于猫糖尿病的确诊，糖尿病动物除了表现出糖尿外，还会出现饮食增加和体重下降。

1. 病因

犬的糖尿病通常在 5 ～ 12 岁被诊断出来，很少有年龄小于一周岁的犬糖尿病病例。犬糖尿病的诊断是基于高血糖症进行的，研究显示，肥胖会增加犬机体代谢负担并使犬出现胰岛素抵抗和血糖控制受损；此外，犬糖尿病还与遗传相关，不同种类的犬品种患上糖尿病的风险概率也有所不同（Cook，2012）。例如，迷你雪纳瑞犬、比熊犬、微型贵宾犬、拉布拉多猎犬、边境牧羊犬的患病概率较高。猫糖尿病的发生原因与犬相似，肥胖和缺乏身体活动是猫糖尿病的主要危险因素，猫的糖尿病通常也与胰腺外分泌疾病的血清标志物异常有关。亚临床胰腺炎可能导致血糖控制不足。血糖控制不足可能会对外分泌胰腺造成持续损害。此外，几种内分泌疾病也与猫的糖尿病有关，最主要的是生长激素过多和皮质醇增多症。胰腺炎、激素类疾病、固醇类药物也可能导致猫糖尿病的发生。

2. 糖尿病动物的营养管理

如果宠物主人注意观察到宠物饮水、食欲、体重或活泼性的变化，则需要及时进行糖尿病检测和评估。如果宠物确诊了糖尿病，宠物主人需要着重关注宠物的饮食管理。

患糖尿病宠物需要控制饮食，避免高糖和高淀粉的食物。通常建议给予高纤维、低碳水化合物和低脂肪的饮食。定时喂食和精确控制饮食量也很重要。为了避免糖尿病的产生，首先需要保证宠物日粮中碳水化合物、蛋白质、脂肪的能量配比稳定。由于不同厂家生产的宠物日粮配方不同，在喂食时应注意营养成分和配料表，并且在主食之外，应控制零食的过多摄入，以纠正肥胖和保持理想体重（Nelson，2014）。另外，有研究指出黄豌豆是犬饮食中一种健康的替代碳水化合物来源，可以改善肥胖犬的代谢健康，特别是减少餐后胰岛素反应（Adolphe，2015）。并且，由于犬和猫在消化相关过程中存在显著差异，犬猫皆有的宠物主人千万不能将二者的日粮进行混合饲喂。

（三）异嗜

异嗜症或称异食癖（PICA），是指犬猫在摄食过程中逐渐出现一种特殊癖好，对通常不应进食的异物，难以控制地咀嚼与吞食。由多种原因导致的犬猫舔舐或啃咬不能作为食物或没有营养价值的食物，以此为特征的一种影响犬猫正常生活的疾病。在生活中具体表现为犬猫喜欢啃食或吞咽一些不能作为食物的东西，如绳子、卫生纸、石头、泥土、塑料袋、袜子等。

1. 病因

犬猫异嗜的病因有很多，如基因遗传。某些特定品种的猫可能是异嗜癖的好发品种。据统计发现，暹罗猫和缅因猫这两种品种出现异嗜癖的概率较高。患有疾病时或是存在脑部问题时也可能引起动物行为的改变从而导致异嗜（Kinsman et al.，2017）。除了先天因素外，环境和营养因素也可能引起犬猫异嗜，如果饲养宠物的空间过小、密度过大，空气流通不足、光照时间不够，宠物情绪可能会受到影响，出现抑郁、低落等状态，这种不健康的心理状态就会导致宠物出现异嗜。当环境紧迫时，有些猫会出现异食的行为来寻求安慰；或是犬猫活动性较强时，可能单纯因玩耍导致异嗜现象的产生。在临床上常见的为犬猫在缺乏某些营养时，会下意识寻找环境中含有此类成分的物品进行咀嚼与吞食，动物体内钠、铁、硫、铜、锰、镁、磷等矿物质不足，或是钠盐摄入不足等都有可能导致宠物异食癖发生。另外，维生素的缺乏也会导致异食现象出现，特别是B族维生素的缺乏（Demontigny et al.，2016）。此外，当宠物患有糖尿病、寄生虫病、内分泌失衡和慢性消化障碍时，常伴发异嗜。

2. 异嗜动物的营养管理

在宠物因缺乏营养物质而导致异嗜现象发生时，宠物主人应当对犬猫日粮营养构成进行调整，及时补充犬猫缺乏的营养物质，以避免更严重的疾病发生。

二、营养代谢病——局部

（一）泌尿系统疾病——尿路感染、尿石症、慢性肾衰

宠物的泌尿系统疾病是最常见的疾病种类之一。泌尿系统是指由肾脏、输尿管、膀胱及尿道组成的排泄系统，常见的宠物泌尿系统疾病为尿路感染、尿石症、慢性肾衰等。

1. 病因

（1）尿路感染

尿路感染（urinary tract infection，UTI）是指病原体突破宿主的防御系统后，在尿路上黏附、繁殖和持续存在所引起的一系列炎症反应和临床表征。犬猫尿路感染多因病原菌的入侵及定植导致，在引起犬猫尿路感染的细菌中，大肠杆菌是最主要的病原菌，占所有犬猫尿路感染病例的 1/3 ～ 1/2。其他的病原菌如葡萄球菌、链球菌、肠球菌、变形杆菌、克雷伯氏菌、巴氏杆菌、支原体、假单胞菌也会引起犬猫的尿路感染（Byron et al.，2019）。最新研究发现，健康犬的膀胱中含有微生物，膀胱微生物组成与尿道的微生物组成是不同的，定植在膀胱的微生物可能会抑制相关病原体的生长。但是，宿主的防御能力是存在一定限度的，过高的病原体毒力或是过低的宿主防御力都会导致尿路感染的发生。此外，导致发生尿路感染发生还有几个危险因素，如肥胖，动物肥胖时皮肤褶皱可能与外阴周围环境和细菌的变化有关，外阴周围菌群和凹陷的外阴（在肥胖的犬中更常见）的改变可能会促进细菌侵入到膀胱中。排尿异常也可能诱发尿路感染。久坐不动的肥胖犬排尿频率降低，这可能会增加它们患尿路感染的风险。同样，患有椎间盘疾病的犬通常患有尿潴留和排尿异常，这使它们容易患上尿路感染。这些犬中有 3% 在手术后几个月内患上了尿路感染。74% 的慢性瘫痪犬（＞ 3 个月）被记录了尿路感染，其中 28% 的细菌来自复发性尿路感染（Rafatpanah et al.，2017）。疾病也可能导致尿路感染发生，如糖尿病、某些肾上腺皮质功能亢进、阴道前庭狭窄、异位输尿管和盆腔膀胱等。患有尿路感染的犬猫表现为尿血、尿痛、尿淋漓等排尿异常。

（2）尿石症

尿石症又称尿路结石，是肾结石、输尿管结石、膀胱结石和尿道结石的统称。临床上以排尿困难、阻塞部位疼痛和血尿为特征（Cléroux et al.，2018）。尿结石形成的原因，尚未完全清楚。一般认为与食物单调或矿物质含量过高、饮水不足、矿物质代谢紊乱、尿液 pH 值的改变、尿路感染和病变等因素有关。胶体和晶体平衡失调：在正常尿液中含有多种溶解状态的晶体盐类（磷酸盐、尿酸盐、草酸盐等）和一定量的胶体物质（黏蛋白、核酸、黏多糖、胱氨酸等），它们之间保持着相对的平衡状态。此平衡

一旦失调，即晶体超过正常的饱和浓度时，或胶体物质不断地丧失分子间的稳定性结构时，则尿液中即会发生盐类析出和胶体沉着，进而凝结成为结石。此外，体内代谢紊乱，如甲状旁腺机能亢进，甲状旁腺激素分泌过多等，使体内矿物质代谢紊乱，可出现尿钙过高现象，以及体内雌性激素水平过高等因素，都会促进尿结石的形成。尿路病变也是结石形成的重要条件，患有尿石症的犬猫表现为尿血、尿痛、尿淋漓等排尿异常。

2. 泌尿系统疾病动物的营养管理

在临床，结石必须通过手术或其他物理方法去除。因此，尿石症应当以合理搭配膳食与营养的预防手段为主。例如，通过增加犬猫摄水量从而增加尿量是草酸钙尿石症预防治疗的主要手段。通过增加水的摄入量，来稀释尿液和促进及时排尿，促进胃肠道和泌尿生殖道的健康细菌种群数目。尿液稀释可能会降低尿液中刺激膀胱黏膜的物质浓度，使膀胱内尿液中矿物浓度降低，以避免尿结石和梗塞的产生（Forrester et al.，2015）。而增加尿量应增加排尿频率，从而减少尿液在膀胱中的停留时间和结石晶体生长可能，还可以在流体动力学上对残余的细菌进行反复冲刷将它们带走。所以给犬猫喂罐头类食品是增加饮水量和降低草酸钙尿饱和度的最实用方法。

通过适当增加膳食结构中蛋白质、盐等营养成分的比例，可以增加血液的渗透压来刺激口渴的产生。研究表明，随着膳食中蛋白质浓度（26% ～ 66%）的增加，宠物的每日饮水量也随之增加（70 ～ 126 mL/d），尿量线性增加（Hashimoto et al.，1995）。

过度酸化饮食是草酸钙尿石症最突出的危险因素之一。持续性酸尿可能与低度代谢性酸中毒有关，低度代谢性酸中毒可能会增加尿钙排泄。在一项包含 5 只患有高钙血症和草酸钙尿石的猫病例系列研究中，停止酸化饮食或尿酸化剂与血清钙浓度正常化有关。此外，酸尿症促进内源性尿石抑制剂的低柠檬酸尿症和功能损害。因此，应当少喂或禁止喂食酸化饮食或对有草酸钙风险的犬猫施用尿酸化剂。注意避免摄入过多含有草酸盐，过少含有膳食磷元素（推荐水平为 0.5% ～ 0.8%）的饮食。例如，虽然正常的膳食维生素 C 水平不被认为是尿石症的病因，但它是一种代谢性草酸盐前体，由于猫没有膳食维生素 C 需求，因此应避免在喂给有草酸钙尿石风险的猫食物中过多地补充维生素 C。除此之外，建议的草酸含量为每 100 g 食物（以干物质为基础）少于 20 mg，含有过高草酸含量的食物不建议给宠物过多喂食，例如茶叶、相关蔬菜等。

减少和预防猫鸟粪石尿石症的有效措施，除了补充水分，还可通过饲喂玉米蛋白粉、动物蛋白等自然成分来改变饮食成分使尿液酸化（即 6.5 < pH 值 < 7.0），然而使用膳食酸负荷将尿液 pH 值维持在 6.0 以下可诱发宠物代谢性酸中毒，并可能增加草酸钙尿石症的风险。因此，关于宠物膳食的酸碱性还需要更多试验来证明（Kerr，2013）。

当犬猫产生应激时，如换粮引起的食物应激，可能会间接影响泌尿系统从而导致尿石症的发生。当胃肠道和微生物种群没有适应时间时，喂养新饮食会导致腹泻。如果不增加饮水量以补偿粪便损失，粪便水分增加也可能会导致脱水、尿量减少和尿浓度增加。可以通过适当地补充益生菌，以降低犬猫应激反应以及腹泻或尿石症的发生。益生元产品也有一定疗效，如菊粉、低聚果糖、低聚半乳糖和低聚甘露聚糖，均可用于预防尿道感染和草酸钙尿石症。

（二）营养反应性胃肠道疾病

胃肠疾病是犬猫临床最常见疾病，主要由饮食习惯及疾病的继发反应导致，如饮食不洁、食入异物、传染性胃肠炎及细菌性胃肠炎等。

1. 病因

营养反应性胃肠病是犬猫最常见的慢性胃肠疾病之一，有些患犬患猫会表现出不良食物反应（即食物过敏和食物不耐受），还有些犬猫会表现出能通过不同饮食改善肠道炎症（Heilmann，2018）。食物反应性肠病的特征是持续或间歇性胃肠道临床症状持续 3 周或更长时间，并且不存在其他病因（例如饮食失调、寄生虫、已发现的肠道病原体或肿瘤）以及非胃肠道疾病。当宠物存在食物反应性肠病时，多表现为便秘或者腹泻，此时应当考虑通过调整饮食改善犬猫胃肠状况。

2. 营养反应性胃肠道疾病动物的营养管理

最初，饮食干预被用作诊断工具，目的是提供全面均衡的营养，避免已知的过敏原或导致不良食物反应的成分，以及缓解临床症状。许多犬猫对饮食方案改变和营养治疗反应良好，可以避免进行活检和组织病理学检查，减少对犬猫机体伤害（Wark，2020）。对于表现出轻度至中度慢性胃肠道疾病症状且未发现其他原因的大多数患犬猫，目前通常建议在内窥镜检查之前进行排除饮食试验。此外，营养管理的主要目的应为提供满足犬猫营养要求的饮食，尽量减少对胃肠道黏膜的刺激，支持正常的胃肠道运动，并缓解或尽量减轻症状。

（三）皮肤病

皮肤毛发质量通常可以作为动物健康的参数，但关于犬类和猫科动物皮肤和毛发疾病的统计资料很少。一些研究评估了猫和犬的典型皮肤和毛发生物物理参数，如皮肤 pH 值、厚度、水合作用、弹性、经皮失水、被毛厚度、毛发再生和毛发长度。但由于这些测量的皮肤和毛发生物物理参数因动物的品种、性别、性腺状态和年龄以及一年中的季节不同而有很大差异，限制了它们的常规使用（Campbell et al.，2006）。

1. 病因

据来自兽医院的相关研究统计显示，皮肤病是患宠去兽医诊所就诊的最常见原因，15% ～ 25% 的犬猫疾病涉及皮肤和毛发问题的诊断和治疗（Roudebush et al.，2010）。常诊断的宠物犬皮肤病有：过敏（跳蚤叮咬过敏，特应性皮炎）、皮肤肿瘤、细菌性脓皮病、寄生虫皮肤病、食物不良反应（食物过敏或食物不耐受）、免疫介导的皮肤病和内分泌皮肤病。

2. 皮肤病动物的营养管理

宠物皮肤和毛发健康和营养摄入密切相关。宠物犬猫不同品种又可以分为高等、中等和低等重量的毛发。不同毛发量的体表面积也不同，对氨基酸等基础元素的日需要量也有差异，为了使宠物有健康的皮肤和毛发，宠物主人应该针对自己的宠物，更加注意营养的搭配均衡。

（1）蛋白质

蛋白质是皮肤和毛发生长所需的关键营养素。宠物需要摄入足够的高质量蛋白质来支持健康的皮肤和毛发生长。鱼类、禽类是良好的蛋白质来源。宠物毛发95%由蛋白质组成，其中含有丰富的含硫氨基酸，如蛋氨酸和胱氨酸。因此，毛发的正常生长和皮肤的角化产生了对蛋白质的高需求，可能占动物每日蛋白质需要量的25%～30%，如果不能满足这一需求，就会导致皮肤表现为蛋白质营养不良，包括头发脆弱、色素沉着、容易脱落、再生缓慢、过度剥落和变薄，所以应该提供高质量的蛋白质来源。除去皮肤或毛发异常之外，因为皮肤和被毛会受到许多营养因素的影响，所以许多宠物主人希望通过改变宠物的营养素摄入来改善宠物被毛的质量和外观。由毛囊黑色素细胞合成并沉积在角质形成细胞中的黑色素的数量和类型是哺乳动物毛发颜色的主要决定因素。头发或皮毛的颜色是由基因控制的，但也会受到包括营养在内的各种外在因素的影响。来自饲养员和宠物主人的报告发现，一些猫和犬的毛色从黑色变成了红褐色。对猫和犬的对照研究表明，饮食中缺乏酪氨酸或其前体苯丙氨酸是导致黑毛变成红褐色的一个重要因素。当酪氨酸有限时，多巴醌不足以充分表达真黑素的形成，黄色至红褐色的黑素是主要的色素。除此之外，酪氨酸不被认为是一种必需氨基酸，因为苯丙氨酸在所有哺乳动物体内都会代谢为酪氨酸，并能满足酪氨酸的总需求。日粮中苯丙氨酸加酪氨酸的含量大于2%的干物质或在食物中添加1－酪氨酸，可以为猫和犬提供最佳的氨基酸水平，以最大限度地合成黑色素（Lipner et al.，2018）。

（2）脂肪酸

n–3脂肪酸和n–6脂肪酸对宠物的皮肤和毛发健康至关重要。它们有助于减少皮肤炎症、保持皮肤屏障的完整性，并促进健康的毛发生长。鱼油、亚麻籽油和植物油是良好的脂肪酸来源。

（3）维生素和矿物质

维生素A、维生素E、锌和铜等营养素对皮肤和毛发的健康起着重要作用。它们有助于维持皮肤的正常功能、毛囊的健康和毛发的色泽及亮度。维生素A在基底膜细胞向柱状细胞分化和维持上皮的完整性中起作用。维生素A的缺乏和过量都会引起皮肤角化过度和结垢、脱发、毛质差以及对微生物感染的易感性增加。B族维生素作为辅助因子参与许多代谢功能，特别是能量代谢和合成途径。因为它们是水溶性的，所以不会储存在体内。与 B 族维生素缺乏有关的皮肤损害包括干燥、片状皮脂漏和脱发。吡哆醇缺乏可能导致黯淡、蜡质、不整洁的被毛，细鳞和斑状脱发。维生素 E 是一种脂溶性营养素，对宠物身体发育强壮健康的肌肉、健康的循环系统和免疫系统至关重要。它也是一种抗氧化剂，有助于保护细胞免受自由基的损害。如果犬蜕皮过多，被毛薄或秃顶，皮肤干燥或片状，被毛状况不佳，它们可能会受益于维生素 E 的增加。微量元素对于毛发正常的光泽也是必不可少的。缺铜的皮肤表现包括毛发无色素或失去正常的颜色，密度降低或毛发缺失，被毛暗沉或粗糙。头上和脸上有色素的头发失去了正常的颜色，形成了一种“褪色”的外观，变成了灰色。喂食缺锌食物的犬出现了皮肤损伤，针对喂食缺锌食物的幼猫的研究描述了毛发稀疏、毛发生长缓慢、鳞屑和口腔边缘溃疡的不良特征，再重新喂食锌元素后，幼猫症状得到了改善（Kane et al.，1981）。

（4）均衡饮食

均衡的饮食对宠物的皮肤和毛发健康至关重要。它应该包括适量的优质蛋白质、必需脂肪酸、维生素和矿物质，并符合宠物的特定营养需求。

（四）关节炎

骨关节炎是人类和兽医学中最常见的非炎症退行性疾病，骨关节炎的典型特征是滑膜关节进行性变性和重塑，临床表现为关节机械功能受损、关节僵硬和疼痛。骨关节炎是一种全身关节疾病，涉及许多病理生理过程，这些过程是由细胞因子和生长因子，例如前列腺素、软骨基质碎片、神经肽、活性氧中间体、蛋白水解酶和蛋白酶抑制剂等的功能失调引起的。这些因素的失调导致了软骨、骨骼、韧带和滑膜退化的循环（Wieland et al.，2005）。

1. 病因

关节功能欠佳在犬中极为普遍，例如僵硬、不灵活和跛行等，通常由先天性异常或创伤性损伤引起。髋关节发育不良是最常见的骨科疾病，导致关节功能欠佳。全世界对其发病率的估计差异很大，集中在所有品种的更大规模的研究认为其发病率在 20% 左右，并且根据品种的不同，范围从 0 ～ 50% 不等。行走时关节松弛、股骨头错位和体重分布不均匀会导致髋关节发育不良的慢性局部炎症，常继发性导致骨关节炎的发展（Patikorn et al.，2023）。与大多数犬相比，猫由于体型小和天生的灵活性，可以忍受严重的骨科疾病。受关节炎影响的猫通常症状较轻，绝大多数猫关节炎病例是原发性关节炎，并常见于老年猫，没有明显的起源因素，有时被称为与年龄相关的软骨变性。

2. 关节病动物的营养管理

寻找缓解关节退化、改善关节灵活性和抑制关节疼痛的积极疗法是迫在眉睫的。额外的营养管理可以减轻关节炎动物的痛苦并帮助其恢复健康，宠物主人可以从以下几个方面进行考虑。

（1）体重管理

过重会增加关节的负担，因此确保宠物保持健康的体重范围非常重要。适当的饮食管理是成功治疗和预防的核心。例如，低脂肪、高纤维饮食提供的可用能量较少，但比简单地限制肥胖宠物的常规食物更能引起饱腹感。

（2）营养补充

为了提供关节所需的营养支持，可以考虑添加一些关节保健的营养补充剂。例如，葡萄糖胺和软骨素对于维持关节健康非常重要，在临床试验中，适量地补充这些化合物可以在开始治疗后的几周至几个月内有效地减轻骨关节炎的疼痛，缓解犬猫的心理负担。正确的营养也扮演着重要的角色。宠物的营养状况对于预防和管理宠物关节炎起着关键作用。通过提供均衡的饮食、控制体重、添加关节保健成分和适度的运动，可以帮助预防关节炎的发生（Beale et al.，2023）。然而，每只宠物都有其独特的需求和健康状况，因此在制订营养计划时，应咨询专业兽医的建议，以确保宠物得到最佳的照顾。

参考文献

ADOLPHE J L, DREW M D, SILVER T I, et al., 2015. Effect of an extruded pea or rice diet on postprandial insulin and cardiovascular responses in dogs[J]. Journal of Animal Physiology and Animal Nutrition, 99(4): 767–776.

BEALE B S, 2004. Use of nutraceuticals and chondroprotectants in osteoarthritic dogs and cats[J]. The Veterinary Clinics of North America. Small Animal Practice, 34(1): 271–278.

BYRON J K, 2019. Urinary tract infection[J]. Veterinary Clinics: Small Animal Practice, 49(2): 211–221.

CAMPBELL K L, 2006. The Pet Lover's Guide to Cat and Dog Skin Diseases[M]. St. Louis, Missouri: Elsevier Health Sciences.

CARBAJO J M, MARAVER F, 2018. Salt water and skin interactions: new lines of evidence[J]. International Journal of Biometeorology, 62(8): 1345–1360.

CLÉROUX A, 2018. Minimally invasive management of uroliths in cats and dogs[J]. The Veterinary clinics of North America. Small animal practice, 48(5): 875–889.

CONWAY B, RENE A, 2004. Obesity as a disease: no lightweight matter[J]. Obesity Reviews : An Official Journal of the International Association for the Study of Obesity, 5(3): 145–151.

COOK A K, 2012. Monitoring methods for dogs and cats with diabetes mellitus[J]. Journal of Diabetes Science and Technology, 6(3): 491–495.

COSTA R S, JONES T, 2023. Anesthetic considerations in dogs and cats with diabetes mellitus. the veterinary clinics of north America[J]. Small Animal Practice, 53(3): 581–589.

DEMONTIGNY–BéDARD I, BEAUCHAMPG., BéLANGERMC, et al., 2016. Characterization of pica and chewing behaviors in privately owned cats: a case–control study[J]. Journal of Feline Medicine and Surgery, 18(8): 652–657.

FORRESTER S D, TOWELL T L, 2015. Feline idiopathic cystitis[J]. The Veterinary Clinics of North America. Small Animal Practice, 45(4): 783–806.

GILOR C, GRAVES T K. 2023. Diabetes mellitus in cats and dogs[J]. The Veterinary Clinics of North America: Small Animal Practice, 53(3): xiii–xiv.

HASHIMOTO M, FUNABA M, ABE M, et al., 1995. Dietary protein levels affect water intake and urinary excretion of magnesium and phosphorus in laboratory cats[J]. Experimental Animals, 44(1): 29–35.

HEILMANN R M, BERGHOFF N, MANSELL J, et al., 2018. Association of fecal calprotectin concentrations with disease severity, response to treatment, and other biomarkers in dogs with chronic inflammatory enteropathies[J]. Journal of Veterinary Internal Medicine, 32(2): 679–692.

KANE E, MORRIS J G, ROGERS Q R, et al., 1981. Zinc deficiency in the cat[J]. The Journal of Nutrition, 111(3): 488–495.

KERR K R, 2013. Companion animals symposium: dietary management of feline lower urinary tract symptoms[J]. Journal of Animal Science, 91(6): 2965–2975.

KINSMAN R, CASEY R, MURRAY J, 2021. Owner–reported pica in domestic cats enrolled onto a birth cohort study[J]. Animals : An Open Access Journal from MDPI, 11(4): 1101.

LIPNER S R, 2018. Rethinking biotin therapy for hair, nail, and skin disorders[J]. Journal of the American Academy of Dermatology, 78(6):1236–1238.

MUSCOGIURI G, BARREA L, LAUDISIO D, et al., 2019. The management of very low–calorie ketogenic diet in obesity outpatient clinic: a practical guide[J]. Journal of Translational Medicine, 17(1): 356.

NELSON R W, REUSCH C E, 2014. Animal models of disease: classification and etiology of diabetes in dogs and cats[J]. Journal of Endocrinology, 222:T1–T9.

PATIKORN C, NERAPUSEE O, SOONTORNVIPART K, et al., 2023. Efficacy and safety of cannabidiol for the treatment of canine osteoarthritis: a systematic review and meta–analysis of animal intervention studies[J]. Frontiers in Veterinary Science, 10: 1248417.

RAFATPANAH BAIGI S, VADEN S, OLBY N J, 2017. The frequency and clinical implications of bacteriuria in chronically paralyzed dogs[J]. Journal of Veterinary Internal Medicine, 31: 1790–1795.

ROUDEBUSH P, SCHOENHERR W D, 2010. Skin and hair disorders[J]. Small Animal Clinical Nutrition(12): 637–643.

SWITONSKI M, MANKOWSKA M, 2013. Dog obesity--the need for identifying predisposing genetic markers[J]. Research in Veterinary Science, 95(3): 831–836.

WARK G, SAMOCHA-BONET D, GHALY S, et al., 2020. The role of diet in the pathogenesis and management of inflammatory bowel disease: a review[J]. Nutrients, 13(1): 135.

WIELAND H A, MICHAELIS M, KIRSCHBAUM B J, et al., 2005. Ostearthritis—an untreatable disease?[J]. Nature Reviews Drug Discovery, 4(4): 331–344.

第三节　营养与过敏

一、宠物的食物不良反应

（一）不良反应类型

宠物摄入某种食物后出现的不适被称为食物不良反应（adverse food reactions，AFRs）。这些反应包括食物过敏、食物不耐受和毒性反应（中毒）。在宠物中，所有的不良食物反应都可能与刺激性食物有关，其胃肠道（GI）临床症状、诊断测试结果和治疗反应相似。因此，在以胃肠道症状为主的宠物患者中很难区分食物不耐受和食物过敏，过敏一词常常被滥用误用（Verlinden et al., 2006）。

1. 食物不耐受

宠物对食物不耐受是由于代谢问题所引起的，如消化酶不足（如成犬、成猫缺乏乳糖酶）或药物反应（如增加血管活性的组胺，鱼肉中的组氨酸常常被细菌污染转化为组胺）。

宠物最常见的食物不耐受是乳糖不耐受。在幼犬和幼猫中，断奶后小肠乳糖酶活性通常会降低，导致一些成犬和成猫出现乳糖不耐症。腹泻、腹胀和腹部不适在乳糖不耐症的犬和猫中相对常见，但也可能发生在患有其他疾病的动物身上。成猫的牛奶不耐受可能与肠道乳糖酶活性降低有关。然而，尚未在猫中发现完全缺乏乳糖酶活性的例子，应考虑与潜在肠道疾病相关的继发性乳糖酶缺乏症。在不表现出临床症状的前提下，健康的成犬可以耐受高达 2 g/kg 体重的乳糖，成猫可以耐受不超过 1 g/kg 体重的乳糖（Meyer，1992）。

2. 食物过敏

食物过敏是指由于接触某种特定的食物而引起的不良免疫反应，通常是蛋白质。一般来说，这些反应的特征是 IgE 抗体依赖、细胞介导或两者共同介导的（Olivry et al.，2007）。有研究显示，在犬类的所有皮肤疾患中，大约 62% 是由于食物引起的。这是对日常食物中的某一种或某几种成分过敏造成的。在有食物源皮肤问题的犬中，大约 89% 是对牛肉、奶类或者鱼类有过敏反应；对谷物蛋白有过敏反应的犬，数量少于对牛肉、奶类和鱼有变态反应的犬；有 25% 也对食物之外的物质过敏；大约 25% 只出现瘙痒，在因为食物而出现皮肤瘙痒的犬中，约有 15% 同时伴随有肠胃症状。食物过敏反应可能发生在任何年龄和任何季节，约 1/3 出现在一岁之前。一些犬可能出现荨麻疹，复发性脓皮病或背腰椎瘙痒，也可能表现为胃肠道体征，即软便、胀气、间歇性腹泻和符合结肠炎的临床体征。结膜炎和打喷嚏也见于少数犬。虽然在幼犬中临床症状最初可以通过饮食来控制，但其中一些犬会在以后的生活中出现环境超敏反应（Allenspach et al.，2007）。

具有特应性表型的食物过敏犬表现为累及爪子、腹部、腋窝、腹股沟和会阴、面部和耳朵的瘙痒。并非所有这些身体部位都会受到影响，例如，有些可能仅表现为瘙痒或复发性中耳炎。虽然在幼犬中，临床症状最初可以通过饮食来控制，但其中一些犬随后会在以后的生活中出现环境超敏反应。其他犬可能出现荨麻疹，复发性脓皮病或背腰椎瘙痒，也可能表现为胃肠道体征，表现为软便、胀气、间歇性腹泻和符合结肠炎的临床体征。当然结膜炎和打喷嚏也见于少数犬。

3. 食物中毒

食物中毒是由食物中毒素感染或存在毒素引起的生物效应。这些毒素可能是食物固有的，也可能是由动植物、寄生虫或微生物产生的。与人相比，犬和猫对肉毒杆菌、金黄色葡萄球菌和蜡样芽孢杆菌等细菌产生的毒素的抵抗力更强。然而，它们是对黄曲霉毒素影响最敏感的物种之一，黄曲霉毒素是一种由曲霉菌属产生的霉菌毒素。玉米、花生、棉籽和谷物是宠物食品中黄曲霉毒素的潜在来源。主要靶器官是肝脏，临床症状包括严重的胃肠道紊乱、黄疸和出血（Craig，2019）。商业宠物食品中发现的呕吐毒素是玉米、小麦和其他谷物中常见的霉菌毒素，可引起犬的厌食、呕吐和血性腹泻（Leung et al.，2006）。玉米赤霉烯酮是宠物食品中也会检测出的毒素之一，玉米赤霉烯酮及其代谢产物是雌激素类似物，其毒性主要表现为能够引起雌性宠物的雌激素过多症和生殖障碍。同时，会对肝脏和免疫器官造成一定的负面影响。

植物源性的食物中毒最常见的是草酸及其盐类导致的中毒。草酸盐作为许多植物组织中代谢的最终产物存在，它能够结合钙和其他矿物质，所以食用后可能会产生不利影响。大黄、菠菜和甜菜根等植物中高水平的草酸盐和蒽醌苷可引起犬的胃肠炎和下尿路结石（Miller，2000）。

金属可以在植物和动物中积累，在商业宠物食品中已经证明犬和猫的大多数食源性金属毒性与铅、锌、镉和砷有关，由此产生的临床综合征取决于年龄、摄入剂量和暴露时间（Miller，2000）。

（二）免疫性和非免疫性的食物不良反应

食物的不良反应可影响许多系统，并可产生累及皮肤、胃肠道、呼吸道和中枢神经系统的体征。食物过敏和不耐受会发生于犬猫之中，但很难确定其发病率。临床体征差异很大，取决于个体反应，但主要临床体征是瘙痒（Wills et al.，1994）。

食物不良反应分为免疫性和非免疫性。免疫性不良反应分为两种，分别为食物过敏反应（food anaphylaxis）和食物变态反应（food allergy）。非免疫性不良反应是指膳食不当和食物不耐。膳食不当很容易理解，食物不耐是指代谢性食物反应、食物中毒、食物不良嗜好和食物药理反应。

1. 免疫性诱因

容易出现食物变态反应的犬种主要有：可卡犬、史宾格犬、拉布拉多犬、金毛犬、柯利犬、雪纳瑞犬、中国沙皮犬、西高地梗犬、软毛小麦梗犬、拳师犬、腊肠犬、大麦町犬和德国牧羊犬。

（1）典型症状

通常来讲，我们习惯使用食物过敏一词，很少提到食物变态反应，其实食物过敏反应和食物变态反应是两个完全不同的概念，表现出的症状也不一样。我们平时说的食物过敏往往是食物变态反应。食物变态反应被定义为“食物摄入后所有免疫介导的反应”，与非免疫介导的食物不耐受形成鲜明对比。黏膜屏障受损和口腔耐受性丧失是食物变态反应发生的危险因素。食物变态反应是一种伴有皮肤和/或胃肠道疾病的非季节性疾病（Verlinden et al.，2006）。

食物变态反应的症状可能发生在任何季节，呈持续性或周期性。持续性症状一般出现在持续摄入某种食物两年以上。周期性症状一般出现在定期摄入某种零食之后。变态反应的典型症状是瘙痒，瘙痒程度非常不同，有轻微的耳朵痒，有严重的多部位瘙痒难忍。其中一些犬在皮肤瘙痒的同时还伴有肠胃症状（如腹泻）。瘙痒一般出现在摄入某种食物几小时或十几小时后。

中国沙皮犬和德国牧羊犬是食物变态反应中容易出现肠胃症状的犬种（Guilford et al.，2001）。肠胃症状可能出现在肠胃系统的某个器官，也可能出现在整个肠胃系统，表现为炎症性肠道疾病，有呕吐和（或）腹泻症状。其中，腹泻可能非常严重，表现为大量稀水便、黏液便或血便。食物变态反应能够诱发小肠黏膜炎。

与食物变态反应不同，食物过敏反应是一种急性反应，一般出现在摄入食物的几分钟后，身体的一些部位，如嘴唇、舌头、脸部、耳朵、眼皮、结膜等，出现血管神经性水肿，水肿部位可能瘙痒也可能不痒。此外，还可能在摄入过敏食物几分钟后，出现全身性荨麻疹（Savage et al.，2015）。

（2）过敏机制

肠道的防御系统包括黏膜屏障和淋巴组织。一些淋巴细胞（如B淋巴细胞）能产生抗体（如IgG和IgE）。这类免疫球蛋白能在细菌和寄生虫入侵时保护身体，同时能控制身体的抗原吸收，抗原是能刺激身体产生抗体的物质。对于正常的犬，摄入某种食物后只产生少量IgE，这些IgE蛋白很快被免疫系统的其他细胞所控制。对于有食物过敏反应的犬，吃下某种特定食物后，身体产生大量IgE，而自身免疫系统无力控制数量如此巨大的 IgE，于是各种食物变态反应症状就出现了。体内产生的大量免疫球蛋白 IgE，能破坏广泛存在于皮肤和肠道的柱状细胞（mast cells），被破坏的柱状细胞产生出一种刺激因子，导致皮肤瘙痒和腹泻出现。因此，食物过敏反应就发生了。

（3）诱因

动物蛋白：理论上讲，所有的食物成分都可能引起食物变态反应或过敏反应。现实中，最容易引起犬食物变态反应和过敏反应的是分子量在 10 ～ 60 kDa 的蛋白质。约有 89% 对食物有过敏反应的犬是因为摄入了牛肉、奶类或者鱼类，因为这三类食物的蛋白质分子量位于 10 ～ 60 kDa。

谷物蛋白：一些犬对谷物蛋白有变态反应。谷物含有多种蛋白质，其中小麦谷蛋白（gluten）包括麦谷蛋白（gliadin）和麦醇溶蛋白（glutenin）。正常情况下，胰腺酶能识别和分解谷蛋白，但对于一些肠黏膜通透性不断增加的犬，它们在一定时期后就会发展成谷蛋白敏感。巨噬细胞能被麦谷蛋白激活，继而产生延后的谷蛋白过敏反应（Savage et al.，2015）。

2. 非免疫性诱因

食物不耐受是指对被认为不具有免疫性质的食物或食品添加剂的任何异常生理反应。机制包括食物毒性、药理反应、代谢反应、运动障碍、生态失调、物理效应和非特异性饮食敏感性。食物不耐受反应是可变的，通常呈剂量依赖性，可发生于任何年龄。症状可能随时出现，有时在食用有问题的食物后数小时或数天出现，并可能持续数小时或数天。食物不耐受和饮食不当（摄入不适当的材料）可能比真正的食物过敏更常见（Craig，2019）。食物不耐主要包括食物中毒、药物反应（主要是血管活性胺类药物，如组织胺）和碳水化合物不耐等。

（1）碳水化合物类

犬的碳水化合物不耐实际是由乳糖（lactose）不耐引起的。乳糖不耐的犬摄入奶制品后，会出现腹泻、腹胀或者腹部不适。山羊奶和牛奶含有比较高的乳糖，目前市场上的营养舒化奶是去掉乳糖的奶，乳糖不耐的犬可以食用。

在乳糖不耐的犬中，有一定数量存在双糖（disaccharides）不耐，而碳水化合物中有双糖，这类犬会因为双糖不耐而出现继发性小肠炎（Gaschen et al.，2011）。当小肠炎出现时，肠内刷状边缘发生变化，为了尽快排出体内的双糖而出现急性腹泻。如果突然大量摄入碳水化合物，体内的双糖会在几天之内持续上升，而排双糖的急性腹泻也会持续几天。

（2）甜味剂类

最常见的对宠物有毒的食品是人造甜味剂木糖醇。无糖口香糖、糖果、面包和其他烘焙食品等食品中通常都含有木糖醇。因为木糖醇具有抗菌性能，木糖醇还存在于人和宠物的牙科保健产品中。

木糖醇会刺激犬体内胰岛素的释放（相当于平时量的6倍），导致血糖降低。木糖醇中毒的症状可能会在摄入后的30～60 min内，但也可能发生在12 h后。症状包括呕吐、低血糖、嗜睡、无法自控和癫痫发作。

（3）可可粉类

含有少量可可粉的食物是宠物食物中毒最常见的食物，它会导致一些轻微的症状，比如腹痛。巧克力含有两种对宠物有毒的成分：可可碱和咖啡因。这些成分会改变细胞过程，刺激宠物的中枢神经系统和心脏肌肉。这些症状取决于巧克力类型（黑巧克力比一般巧克力具有更多的可可碱），通常一小块就足以让一只小犬中毒。除了巧克力，其他类型的食品中也有可能含有可可碱和咖啡因，比如药草补充剂、可可豆壳制作的食物、咖啡因药片和含咖啡因的诱饵。

因为饮食习惯的不同，犬比猫更容易受到影响。最初症状通常发生在食物摄入2～4 h后，犬常常会处于兴奋状态，坐立不安，心率过快，过度口渴，尿失禁，呕吐，发烧。如果宠物能得到及时治疗，通常可以恢复，但推迟治疗会导致宠物抽搐，昏迷，甚至宠物会由于异常心脏节律或呼吸衰竭而死亡。

（4）葱属植物类

葱属植物（如洋葱、韭菜、大蒜和葱）经常让犬、猫生病，其诱因是这些葱属植物通常会含有硫代硫酸盐。当宠物咀嚼时，硫酸盐会转化成复杂的含硫化合物，造成动物的红细胞分解。甚至犬或猫仅仅摄入一块洋葱（尤其是猫每千克体重摄入5 g洋葱或犬每千克体重摄入15～30 g洋葱），都有可能导致猫或犬血液发生危险的变化。

多数宠物还是会在摄取葱属植物一天或几天后出现中毒症状，这主要取决于摄入量。常见的初步症状包括呕吐、腹泻、腹痛、食欲不振。中毒的宠物还会出现贫血、呼吸急促、心率过快、黏膜苍白、红色或棕色尿液等症状（Mueller et al.，2018）。

（5）酒精类

酒精中毒的现象常常发生在小动物中。当宠物摄入酒精后，酒精会迅速从胃肠道吸收，到达大脑。在一个小时内，这些动物可能表现出抑郁、运动失调、嗜睡、震惊和高体温，也可能出现昏迷的症状。大多数报告的病例中，受影响的宠物接受治疗和支持性护理能够恢复。然而酒精并不是只存在于食品和饮料中。油漆、药物、香水、漱口水以及某些类型的防冻剂也包含少量酒精。

（6）干果、坚果类

葡萄、葡萄干（包括含葡萄干的小吃和烘焙食品）都会引起犬的肾功能衰竭。然而，并不是所有的犬对于这些食物都有相同的反应。有研究梳理了180个涉及犬摄入葡萄干后的案例报告，有些犬在吃了0.9 kg的葡萄干后并没有显示任何症状，而其他犬只吃了少量葡萄干后死亡。夏威夷果对于人类来说是健康的食物，但它们对于犬来说可是有毒的食物。目前还不清楚犬摄入多少坚果会出现中毒现象。夏威夷果中毒症状出现在 12 h 内，包括无力（尤其是后腿无力）、呕吐、动作无法控制、颤抖、发热、腹痛、僵硬。夏威夷果中毒可能不是很常见，在 5 年中，仅报告了 80 多例，并只是在夏威夷果种植的主要区域澳大利亚昆士兰。迄今，没有宠物摄入夏威夷果死亡的报告，中毒的宠物通过一两天的微创治疗就有望完全恢复（Cave，2006）。

目前，宠物食品市场正在不断发展，其中，鸡肉成分作为很好的蛋白质来源普遍用于宠物食品，鸡肉成分在犬粮中的广泛使用可能导致犬对这种成分过敏。鸡肉是犬最常见的过敏原之一，仅次于牛肉和乳制品（Hołda et al.，2018）。

二、应对策略

应对食物不耐、变态反应和过敏反应的最有效方法就是从源头入手，避免摄入引起犬猫不耐、变态或过敏反应的食物。

（一）食物排除法

在不具备食物变态检测条件，或者变态检测没能有效解决问题的情况下，可以采用食物排除法来锁定“可疑”食材，减少或消除食物不耐和变态反应。

食物排除法的具体做法是，使用 1 ～ 2 种以前完全没有尝试过的含全新低敏蛋白质的食材，为犬制作营养平衡的新鲜食物。低敏食材主要有：小羊肉、大米饭、鱼、兔肉、土豆、鹿肉或豆腐。

食物排除法实施之前的 7 ～ 14 d，犬吃平时的常规食物。这期间要有详细的喂食记录和不良反应记录。食物排除法试验需要持续 4 ～ 12 周（对于食物变态反应以肠道症状为主的犬，食物排除法试验可以缩短为 2 ～ 4 周）。使用排除法试验期间，除了选定的鲜食食谱，不喂食其他任何食物和零食。如果犬的皮肤症状在这期间减轻或者消失，就可以确诊此犬具有食物变态反应（Benedé et al.，2016）。此时，原来食用的食物或食材可以重新开始吃，以观察皮肤问题是否重新出现。

（二）补充脂肪酸

皮肤中的巨噬细胞是最主要的炎性介质。炎性介质的改变可以改变炎症反应，花生四烯酸是一种存在于巨噬细胞中的多不饱和脂肪酸，也是 n–6 脂肪酸的一种。这种 n–6 脂肪酸在巨噬细胞中产生作用强大的炎性介质，如某些白细胞三烯类和前列腺素类。

如果摄入一定量的 n–3 脂肪酸（如鱼油），长链 n–3 脂肪酸（EPA）可以替换掉一部分巨噬细胞中的 n–6 脂肪酸。源自 n–3 脂肪酸的白细胞三烯类和前列腺素类，其炎性作用远远小于源自 n–6 脂肪酸的同类介质。因此，在出现炎症的期间，摄入 n–3 脂肪酸能够减少作用强大的炎性介质，从而缓解炎性反应。因此，补充 n–3 脂肪酸能缓解食物变态反应导致的皮肤问题。根据目前已有的研究，治疗期间每 10 lb 体重补充 1 g 鱼油是犬的安全剂量，相当于每千克体重补充 220 mg 鱼油（Verlinden et al.，2006）。

参考文献

ALLENSPACH K, WIELAND B, GRÖNE A, et al., 2007. Chronic enteropathies in dogs: evaluation of risk factors for negative outcome[J]. Journal of Veterinary Internal Medicine, 21(4): 700–708.

BENEDÉ S, BLÁZQUEZ A B, CHIANG D, et al., 2016. The rise of food allergy: environmental factors and emerging treatments[J]. EBioMedicine, 7:27–34.

CAVE N J, 2006. Hydrolyzed protein diets for dogs and cats[J]. Veterinary Clinics of North America Small Animal Practice, 36: 1251–1268.

CRAIG J M, 2019. Food intolerance in dogs and cats[J]. Journal of Small Animal Practice, 60(2): 77–85.

GASCHEN F, MERCHANT S R, 2011. Adverse food reactions in dogs and cats[J]. Veterinary Clinics of North America Small Animal Practice, 41(2): 361–379.

GUILFORD W G, JONES B R, MARKWELL P J, et al., 2001. Food sensitivity in cats with chronic idiopathic gastrointestinal problems[J]. Journal of Veterinary Internal Medicine, 15(1): 7–13.

LEUNG M C K, DÍAZ–LLANO G, SMITh T K, 2006. Mycotoxins in pet food: a review on worldwide prevalence and preventative strategies[J]. Journal of Agricultural and Food Chemistry, 54(26): 9623–9635.

MEYER H, 1992. Lactose intake of carnivores[J]. Wiener Tierärztliche Monatsschrift, 79: 236–241.

MILLER E P, CULLOR J S, 2000. Food safety. In small animal clinical nutrition[M]. New York: Walsworth Publishing Company, 183–194.

MUELLER R S, OLIVRY T, 2018. Critically appraised topic on adversefood reactions of companion animals (6): prevalence of noncutalmanifestations of adverse food reactions in dogs and cats[J]. BMC Veterinary Research,14(1): 341.

OLIVRY T, DEBOER D J, PRÉLAUD P, 2007. International task force on canine atopic dermatitis. Food for thought: pondering the relationship between canine atopic dermatitis and cutaneous adverse food reactions[J]. Veterinary Dermatology, 18(6): 390–391.

SAVAGE J, JOHNS C B, 2015. Food allergy: epidemiology and natural history[J]. Immunology and Allergy Clinics of North America, 35(1): 45–59.

VERLINDEN A, HESTA M, MILLET S, et al., 2006. Food allergyin dogs and cats: a review[J]. Critical Reviews in Food Science and Nutrition, 46: 259–273.

WILLS J, HARVEY R, 1994. Diagnosis and management of food allergy and intolerance in dogs and cats [J]. Australian Veterinary Journal, 71(10): 322–326.

第四节　营养与肠道菌群

肠道不仅是犬猫机体消化吸收的重要场所，同时也是最大的免疫器官，在维持正常免疫防御功能中发挥着极其重要的作用。机体肠道为微生物提供了良好的栖息环境，微生物为机体提供机体自身不具备的代谢途径。犬猫营养除了与日常饮食组成有必然联系，营养物质在体内的消化吸收程度及吸收方式也很大程度上影响着犬猫营养。肠道微生物由数以亿计的存在于胃肠道内的细菌、古细菌、病毒和真核生物组成，其中细菌为最主要微生物群，广泛分布于肠道的各个部位。肠道微生物群对维持宿主机体健康具有重要作用，与机体健康息息相关。目前多将肠道微生物群归结为一个独立的功能性器官，是机体不可缺少的一部分。肠道微生物群具有特异性，不同的机体拥有着不同的肠道微生物，其他因素也可通过影响宿主的代谢过程及代谢产物的反应从而影响肠道微生物群成，例如日常饮食，居住环境差异等（Honneffer et al.，2014）。这群微生物依靠动物的肠道生活，同时帮助机体完成多种生理生化功能。

对于犬猫来说，肠道微生物仍处于基础探索阶段，仍有很多未知的犬猫营养与肠道微生物群的关系需要进一步探索。本节列举了近年来在犬猫领域开展的有关营养与肠道微生物群的研究，影响犬猫肠道微生物群构成的主要因素，以及作者实验室在该领域所做的工作和主要成果。

宠物肠道微生物群被认为是与宠物健康密切相关的代谢器官。宠物食品作为宠物肠道微生物群的代谢底物，很大程度上决定了肠道微生物群的组成和代谢。同时，微生物组反过来又会促进宿主体内营养消化和后生元的产生。

在动物肠道内的微生物中，超过 99% 都是细菌，存活的数量大约有 100 万亿个，种类有 500 ～ 1 000 个。这些数目庞大的细菌大致可以分为 3 个大类：有益菌、有害菌和中性菌（Grześkowiak et al.，2015）。有益菌主要是各种双歧杆菌、乳酸杆菌等，是动物健康不可缺少的要素，可以合成各种维生素、参与食物的消化、促进肠道蠕动、抑制致病菌群的生长、分解有害和有毒物质等（Alessandri et al.，2020）。有害菌数量一旦失控将大量生长（Kim et al.，2021），这类细菌的大量生长会引发多种疾病，产生致癌物等有害物质，或者影响免疫系统的功能。中性菌顾名思义为具有双重作用的细菌，如肠球菌等，在正常情况下对健康有益，一旦增殖失控，或从肠道转移到身体其他部位，就有可能会引发许多问题。动物健康与肠道内的益生菌群息息相关。肠道微生物群在长期的进化过程中，通过个体的适应和自然选择，菌群中不同种类之间，菌群与宿主之间，菌群、宿主与环境之间，都处于动态平衡的状态中，形成一个互相依存、相互制约的系统。

一、犬猫肠道菌群的特点

（一）犬肠道菌群特点

1. 优势菌群

在一个环境里保持优势的生命力和活力的细菌群叫优势菌群。在肠道微生物群中数量大或种群密集度大的细菌，包括类杆菌属、优杆菌属、双歧杆菌属、瘤胃球菌属和梭菌属等专性厌氧菌，通常属于原籍菌群，是对宿主发挥生理功能的菌群，在很大程度上影响着整个菌群的功能，决定着菌群对宿主的生理病理意义。对犬粪便微生物分析发现，犬的优势菌群，明显存在于所有健康犬中（Suchodolski et al.，2022）。犬的粪便优势菌群主要是厚壁菌门和拟杆菌门。在厚壁菌门中，数量最多的为粪杆菌属和杆菌属。在拟杆菌门中主要是拟杆菌属和普雷沃菌属，这些菌属多与短链脂肪酸（SCFA）的产生有关。这是特异的存在于犬肠道微生物群的现象，在犬胃肠道中，可以观察到许多少见梭杆菌，如腐殖梭杆菌和穿孔梭杆菌（Tang et al., 2014）。在进行抗生素治疗时，梭杆菌属的细菌丰富度及多样性更易受到影响，并且在恢复健康的过程中，梭杆菌恢复到原有水平的时间也更长，因此调控梭杆菌在犬胃肠道中的数量及种类可能对改善犬胃肠道环境有重要作用。

2. 次要菌群

次要菌群主要为需氧菌或兼性厌氧菌的一类肠道微生物，如大肠杆菌和链球菌等，流动性大，有潜在致病性，大部分属于外籍菌群或过路菌群。犬的次要微生物群还包括双歧杆菌和一些真菌，双歧杆菌主要包括假双歧杆菌和动物双歧杆菌，真菌主要为子囊菌门、担子菌门、球囊菌门和接合菌门（Shinohara et al.，2020）。

3. 菌群分布特点

在犬肠道中，梭菌属通常分布在犬的空肠和十二指肠内，在回肠和结肠中含量也非常高。其中梭杆菌和拟杆菌属在回肠和结肠中含量最高。乳酸杆菌通常广泛分布于犬的所有肠道中，且具有较高的生物量，其中数量最多的为嗜酸乳杆菌，变形菌与放线菌多分布于小肠中，在粪便中较少存在。若这些菌在粪便中出现明显增加，很可能与致病性相关（图 2–1）。

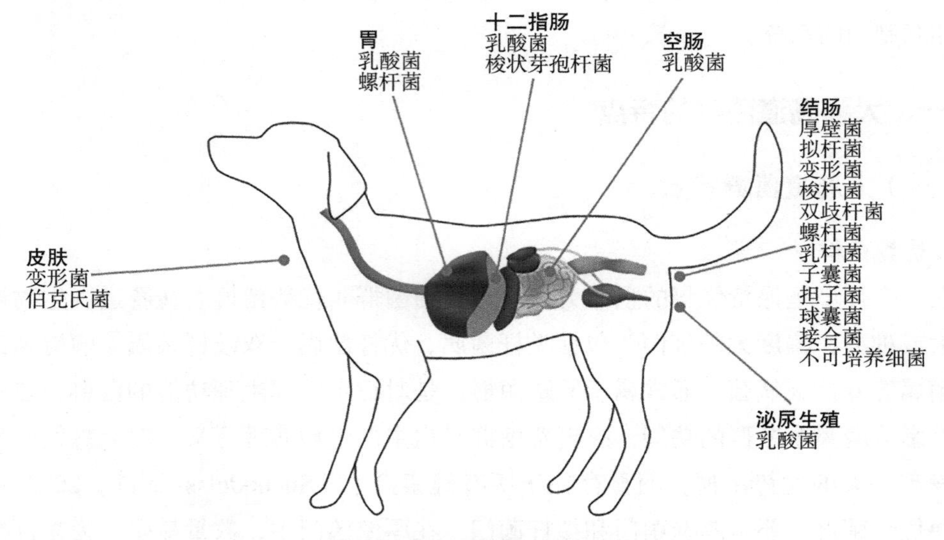

图 2-1 犬肠道菌群分布特点

（资料来源：Grześkowiak et al.，2015）

（二）猫肠道微生物菌群特点

1. 主要（优势）菌群

关于猫肠道微生物群的优势菌群的研究比较少，多数研究认为，猫的粪便微生物群主要由拟杆菌门构成，其次是厚壁菌门、变形菌门、放线菌门（Suchodolski et al.，2015）。

2. 次要菌群

在猫中发现的乳酸杆菌和在人肠道中常见的几种乳酸杆菌相似，如嗜酸乳杆菌、唾液乳杆菌、约氏乳杆菌、路氏乳杆菌和萨恺乳杆菌。在多数猫中可检测到双歧杆菌的存在。猫的厌氧菌数量多于犬，这可能跟猫的肠道过短有着密切的关系。

3. 菌群分布特点

菌体在猫肠道中的分布存在明显的个体差异，除受外界因素影响外，自然因素，如年龄变化也影响着猫肠道微生物群（Ephraim et al.，2021a；Masuoka et al.，2017b）。猫的肠道微生物群具有年龄依赖性，肠球菌在猫肠道中的变化表现出与年龄极高的相关性，明显地随着年龄增长而在猫体内富集。除此外，乳酸菌种类也随着年龄增长而逐渐增多（Deusch et al.，2015）（图 2-2）。

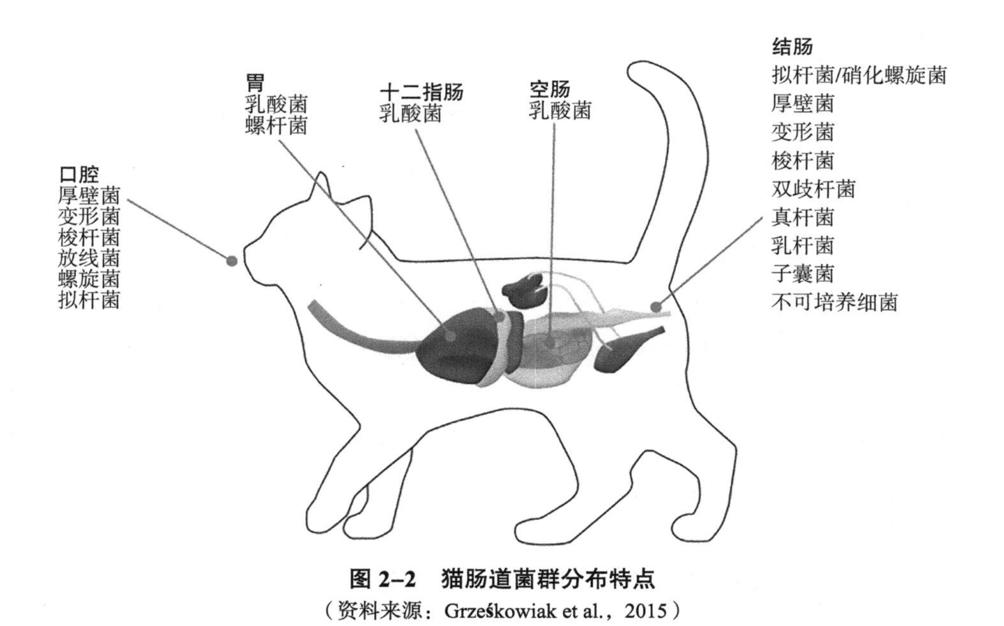

图 2–2　猫肠道菌群分布特点

（资料来源：Grześkowiak et al.，2015）

（三）犬猫肠道菌群的主要异同点

犬猫菌群在主要组成成分上是类似的，都是由厚壁菌门、拟杆菌门、变形菌门和梭杆菌属组成。相同的，普氏菌和拟杆菌属于拟杆菌门，是犬猫粪便微生物中最丰富和普遍的细菌属。在变形菌门中，萨特氏菌属、琥珀酸弧菌属、厌氧螺菌属和埃希氏菌 / 志贺菌属是犬猫粪便微生物中最丰富的菌属。埃希氏菌 / 志贺菌属与变形菌门另一菌属沙门氏菌被公众普遍认为是胃肠道致病菌，但仍存在一些差异，这些差异可能是因为饮食不同导致的，优势菌群中主要表现为厚壁菌门和拟杆菌门的数量及种类差异，具体到菌株表现主要表现为针对吸收不同种类食物而定植的不同微生物。变形菌门在犬肠道中表现出比猫肠道中更高的富集程度，而放线菌门则在猫中更加富集。在厚壁菌门中极具代表性的为芽孢杆菌纲、梭杆菌纲和产芽孢菌纲。芽孢杆菌纲在犬肠道中主要以链球菌属和乳杆菌属为代表，在猫肠道中主要以肠球菌属和乳杆菌属为代表（Young et al.，2016）。除此之外，在乳酸杆菌含量上也存在差异，犬猫中均含有乳酸杆菌，但在犬中主要为鼠李糖乳杆菌及唾液乳杆菌，在猫中主要为乳酸杆菌、约氏乳杆菌及唾液乳杆菌。因此在对犬猫使用益生菌制剂时应当注意区别，注意物种差异性，而不是混为一谈。

1. 肠道微生物作用

动物体内的肠道微生物群数量庞大，类型复杂，与身体形成了一种“互惠互利”的共生关系。它们的生长依赖于身体提供的丰富营养和相对安全的环境；同时它们也在动物的体内形成了一套井井有条的工作网络，在维护身体健康，促进正常发育等方面发挥着至关重要的作用。

（1）拮抗作用

拮抗作用是肠道微生物之间的另一种相互作用，可以防止某种特定的微生物过度生长，从而降低机会致病菌大幅增殖的风险。这可以通过营养物质的竞争来实现，也可以通过细菌素和有毒代谢物的产生来实现。肠道微生物具有生物拮抗作用，正常菌群是能够在肠道中特定部位“安家落户”，即黏附、定植和繁殖，这个时候，菌群就能够在定植的部位表面形成一层“菌膜屏障”；这层“菌膜屏障”就像是肠道表面的一层保护伞，对于流经消化道的外源性微生物（包括许多外源性病原体）形成了一种天然的隔绝，通过竞争、消化和分泌各种代谢产物和细菌素等，抵抗外源微生物定植和侵袭。机体内的正常菌群通过这种拮抗作用，抑制并排斥机体不慎食入的病原菌在肠道的“安家落户”，维持体内微生态的平衡状态，使机体免于感染致病菌。

（2）营养作用

肠道微生物群在肠道中不仅扮演着“卫兵”的作用，同时还能够促进肠道组织的发育、参与肠道营养物质的代谢以及合成机体所需的重要营养物质（De，2021）。肠道细菌参与代谢产生的短链脂肪酸，为肠道上皮细胞的生长发育提供营养支持，促进肠道上皮的生长与分化。同时，肠道微生物群还参与合成动物生长发育必需的氨基酸、维生素等，如B族维生素、维生素K、烟酸、泛酸等（Bampidis et al.，2019）。此外，肠道中微生物还能够促进机体对钙、铁、镁、锌等多种离子的吸收，这些离子对于促进身体某些结构（如骨骼、牙齿等）的生长与发育和体内氧的输送等有重要作用。

（3）代谢作用

肠道微生物群能够为动物机体的某些代谢过程提供重要的“催化剂”——酶类，通过发酵和降解多糖（淀粉、纤维素、半纤维素、胶质等）以及不能被宿主吸收的寡糖，产生一些短链脂肪酸，如乙酸、丙酸、丁酸等，这些脂肪酸都是宿主生长、增殖的能量和生化反应的重要底物（Kuang et al.，2019）。此外，肠道微生物群还以其他各种各样的方式协助机体对于糖类、脂类、氨基酸、维生素、胆固醇以及诸多外来化合物的代谢。肠道细胞发挥着类似皮肤的免疫屏障作用，阻止致病因素经过肠道时对机体造成损害。

（4）对肠道屏障的调控作用

宿主和微生物群的共同进化显然促进了结构相容的微生物代谢物的产生，这些代谢物与宿主受体结合，导致宿主生理学的调节。宏基因组学、宏转录组学和代谢组学的最新进展已成功发现了数千种微生物代谢物及其合成的相关基因。到目前为止，估计有大约50 000种微生物代谢物是由人体肠道中的微生物产生的。其中，估计有22 500种微生物代谢物具有抗生素特性。然而，只有150种微生物代谢物直接用于人类和兽医学以及农业。其中第三类代谢物主要包括由肠道微生物诱导宿主产生并分泌到肠道中的代谢物，这些微生物代谢物直接与IEC和免疫细胞相互作用，影响宿主健康。此外，它们还对肠道屏障完整性本身和肠道稳态的维持产生显著影响。

二、宠物肠道菌群失衡导致的危害

肠道微生物群的不健康状态，往往表现为组成和/或功能微生物组的显著改变，以及多样性显著减少，可能导致与健康有关的细菌减少，以及致病微生物的扩张（Suchodolski et al., 2016）。肠道微生物群的不健康状态，一般有两种情况：①短暂的，持续很短的时间，恢复到扰动前的初始健康状态；②发展成一种对宿主有负面影响的稳定不健康状态，其组成和功能发生改变，并持续一段时间，使其具有恢复力或抵抗（医疗）治疗形式的干扰。肠道微生物群失调，不仅仅只引起腹痛、腹胀、腹鸣、腹泻、便秘等消化系统症状，还与许多其他系统的疾病有密切的联系，如：肥胖、糖尿病、高脂血症、癌症、心脑血管疾病、抑郁和焦虑、衰老甚至某些皮肤科疾病等。

（一）炎症性肠炎

由于肠道微生物群与肠道环境相互影响，因此与微生物组相关的肠道慢性疾病，特别是炎症性肠病的发生和发展一直备受关注。在正常条件下，肠道并不产生果糖。患有慢性炎症性肠病的小鼠肠道会主动产生果糖，为益生菌生长提供营养，以对抗有害菌的滋生（Inness et al., 2007）。小鼠的这种肠道主动滋养益生菌的机制源于一种编码果糖合成酶基因的功能。缺乏该基因的小鼠果糖合成能力丧失，益生菌的生长受阻，病原菌则趁虚而入，最终导致慢性炎症性肠病的发生。炎症性肠病的病症可能包括以下一项或多项：慢性腹泻或大便稀疏、排便困难或痛苦、腹部膨大或压痛、便血或黏液、慢性或间歇性呕吐、食欲差、较低的能量水平（Blake et al., 2019a；Guard et al., 2015b）。

（二）免疫性疾病

最近多项研究都证实肠道菌群的失调能够影响宿主免疫系统，从而产生自体免疫疾病。在动物的肠道疾病诊断中，肠道微生物群对宿主免疫系统的影响多表现为对各种食物产生过敏反应。因为食源性过敏和炎症性肠病部分病症表现相同（如腹泻），有时会将两者混淆。过敏本质上是免疫性疾病，并且根据定植生物的不同，肠道微生物群具有促炎性和抗炎性，因此，靶向肠道微生物群也是治疗动物系统性过敏的有效方法（Ohshima et al., 2015；Kumar et al., 2017）。

（三）肥胖

宠物肥胖问题呈越来越突出的趋势，根据美国最近宠物肥胖预防协会的报告，60%

的猫和56%的犬有超重或肥胖的问题。肥胖是否是一种疾病虽然有不少争议，但肥胖能引起各种疾病却是不争的事实。肥胖和不肥胖犬猫肠道菌群的种类和数量均存在差异，肥胖与多种其他疾病相关联，如糖尿病、骨关节炎、心血管疾病、皮肤病和寿命缩短。多种因素可使动物易患肥胖症，包括肠道微生物群改变、遗传因素、绝育、运动水平降低以及高脂肪和高能量饮食。有研究连续4周分别给小鼠喂食高脂肪和低脂肪食物，结果饲喂高脂食物的小鼠盲肠中多枝梭菌的比例比饲喂低脂肪食物的提高约4倍，研究者猜测这种菌导致肥胖的原因是可以提高对食物营养的吸收，肥胖犬猫和瘦且健康犬猫的肠道微生物群的组成不同（Fontané et al.，2018a；Li et al.，2020）。具体地说，与瘦且健康的犬相比，肥胖犬体内放线菌门和罗氏菌属细菌数量更多，并且肠道微生物群参与肥胖的发展既可直接影响肠道功能也可间接影响其他器官。

（四）糖尿病

糖尿病在犬猫中的患病率逐渐增加。2006—2015年，犬的糖尿病患病率增加了79.7%，猫的糖尿病患病率增加了18.1%。犬易患Ⅰ型糖尿病，而猫更易患Ⅱ型糖尿病。肠道微生物群可在糖尿病肠道外疾病中发挥作用。肠道微生物群组成的改变与犬猫Ⅱ型糖尿病的发生有关（Gilor et al.，2023）。研究表明，糖尿病犬的肠道菌群中，*Clostridioides difficile*、*Phocaeicola plebeius*、*Lacrimispora indolis*和*Butyricicoccus Pullicaecoram*丰度明显增加（Kaong et al., 2023）。

（五）肾脏疾病

慢性肾病是犬猫常见的疾病之一，最近的一项研究表明，与健康猫相比，患有慢性肾病的猫粪便菌群的丰富度和多样性降低。同时肾结石是犬猫常见的一种疾病，该病使猫的平均寿命缩短约3年。有研究表明，草酸杆菌和乳酸杆菌通过草酸盐的降解防止结石形成（Chen et al.，2021）。

三、宠物营养与肠道菌群的相关研究进展

（一）碳水化合物

碳水化合物由碳、氢和氧3种元素组成，是自然界存在最多、具有广谱化学结构和生物功能的有机化合物。由于它所含的氢氧的比例为2∶1，和水一样，故被称为碳水化合物。碳水化合物是生命细胞结构的主要成分及主要供能物质，并且有调节细胞活动的重要功能。因此，摄入足够量的碳水化合物对生长发育及日常生命维持都是极其重要的，但过多的碳水化合物又会导致机体难以消化吸收甚至产生应激反应。有研究给予猫高碳水饮食后发现，猫粪便中梭杆菌数量增加，有5种短链脂肪酸随饮食改

变而发生了改变，粪肠杆菌属细菌明显增加，双歧杆菌属细菌减少，能量及碳水化合物代谢产生改变（Pezzali et al.，2020）。猫对碳水化合物，如大麦、豆子等的过敏状况远远高于肉类。碳水化合物来源也可能对猫机体内生理指标产生影响，食用玉米淀粉的猫比食用豌豆淀粉的猫具有更高含量的葡萄糖和胰岛素。因此，在向犬猫粮中添加碳水化合物时应当有选择性地进行，并注意添加量，避免产生过敏反应或腹泻等不良状况。

（二）蛋白质

据报道，给成猫或断奶小猫饲喂富含蛋白质的食物会强烈影响猫肠道微生物群组，导致产气荚膜梭状芽孢杆菌数量增加，双歧杆菌数量减少（Bermingham et al.，2013；Lubbs et al.，2009）。给犬饲喂高含量蛋白质日粮后发现，犬粪便中生物胺及支链脂肪酸含量增加，且乳杆菌数量降低，芽孢杆菌数量上升。这些结果均表明，大量未消化的蛋白质的存在导致微生物水解蛋白质的能力不断增强，最终导致有害产物及有害菌的不断累积，产生对宿主的负面作用（Pinna et al.，2014）。因此，在给予犬猫高蛋白质食物时，应当注意饲喂量及补充频率，避免蛋白过高导致的不良状况的发生。

（三）脂肪

脂质是油、脂肪、类脂的总称。给予猫高脂肪饮食后发现，饲喂高脂肪饮食的猫比饲喂低脂肪饮食的猫表现出更高能力的消化水平，并且其摄入的食物总能量要高于正常饮食组，喂食高脂肪饮食的猫也比喂食正常饮食的猫表现出含有更高水平的血红蛋白量，其血液中的白细胞及淋巴细胞也出现了显著升高。最值得注意的是高脂肪饮食对猫血液中胰岛素水平的影响，高胰岛素水平导致高脂肪饮食的猫患上糖尿病的概率大大增加。喂食高脂肪饮食的猫肠道微生物群中瘤胃球菌及乳酸杆菌明显减少。因此，在选择犬猫主粮时，应当注意粮中脂肪含量，避免高油脂引起的腹泻或肥胖的发生（Lee et al.，2021）。

（四）维生素

维生素是人和动物为维持正常的生理功能而必须从食物中获得的一类微量有机物质，在机体生长、代谢、发育过程中发挥着重要的作用。维生素 A、维生素 D 及维生素 E 是犬猫所必需的，维生素 D 对正常钙磷代谢和体内钙磷平衡至关重要（Kanakupt et al.，2021）。维生素 D 会影响肠道、骨骼和肾脏，使血浆钙磷水平升高，能帮助正常矿化和重建骨骼及软骨，维持细胞外液的钙浓度。维生素 D 参与免疫细胞分化、肠道微生物群调节、基因转录和屏障完整性。维生素 E 可以中和自由基，防止细胞膜发生脂氧化。鱼肝油和动物内脏含有大量的维生素 A。维生素 A 对肠道微生物群的影响研究较少（Barry et al.，2014）。维生素 E 及维生素 A 均可以通过调节肠道微生物群的组成和代谢活性，改善肠道屏障功能和维持免疫系统的正常功能，为宿主提供健康益处。

（五）膳食纤维

膳食纤维作为一类多糖物质，既不能被胃肠道消化吸收，也不能产生能量，但其作为一类营养素，在动物机体中发挥着不可替代的作用，对肠道微生物构成也产生重要影响（Oba et al.，2020），目前有关动物纤维对机体作用的研究较少，在宠物上多集中于甜菜浆及低聚糖对机体消化吸收的影响（Biagi et al.，2013）。有研究对犬喂食了含有 7.5% 甜菜浆的食物后发现，犬粪便中粪肠杆菌数量增加，而这种细菌目前多报道对犬机体产生有益作用。在犬猫日粮中添加低聚果糖后发现，低聚果糖可在结肠发挥作用，刺激双歧杆菌、乳酸杆菌生长（Barry et al.，2010）。有研究进一步对低聚糖对体内微生物群组成影响进行研究发现，6 种常见低聚糖对猫粪便微生物群代谢产生影响，低聚糖可使肠道 pH 值降低，且细菌对碳水化合物的发酵可导致乳酸生成，从而进一步降低肠道 pH 值，有助于肠道内有益菌生长并可在一定程度上抑制致病菌及有害菌生长，还可将氨转化为不可吸收的铵离子然后排出体外。低聚糖还可增加产生短链脂肪酸的微生物含量，有效改变粪便中乙酸、丙酸及丁酸含量（Belchik et al.，2023）。

（六）微量元素

微量元素是机体内不可缺少的营养物质之一，它们还具有抑制自由基、抵抗氧化、参与激素合成、进行信息传递、维持细胞生命力以及人体感官功能的正常发挥等作用（Wernimont et al.，2020）。

微量元素对机体的一部分影响是通过影响肠道微生物组成及代谢合成来实现的，铁、铜、锰和锌等微量金属元素是生物过程的必需营养素。虽然它们的摄入需要量很低，但它们作为各种酶的辅助因子在细胞稳态中起着至关重要的作用。共生肠道微生物与宿主竞争使用微量金属元素（Kim et al.，2019）。而且，宿主和微生物中微量金属元素的代谢过程会影响生物体的健康。补充宿主缺乏的微量金属元素可以改变肠道微生物群落的结构和功能，共生微生物的功能变化会影响宿主对微量金属元素的代谢。

1. 铁

在饮食中，有不到 20% 的铁被十二指肠吸收和利用，肠道微生物主要利用剩余的铁发挥作用，研究发现，铁主要引起肠杆菌、拟杆菌、双歧杆菌和乳杆菌变化。患有炎性肠病的动物可以通过口服或静脉补铁减轻肠道炎症造成的损害。但口服铁补充制剂主要引起粪肠球菌、布鲁氏菌、多孢菌的丰度降低以及双歧杆菌的丰度上升。事实证明，补充铁可以导致潜在致病性肠杆菌科细菌的增加，以及被认为对健康具有积极影响的双歧杆菌科细菌和乳杆菌科细菌的减少（López et al., 2012）。

2. 铜

铜也是不可忽略的对机体有重要作用的微量元素，铜作为抗氧化反应中的辅助因子，由于其有着优异的抗菌性能，主要被用于畜牧业中的饲料添加剂。在断奶动物中，补充铜可减少病原体数量，如大肠杆菌、埃希氏菌及链球菌数量，进而维持幼年动物健康状态（Espinosa et al.，2021）。除此之外，不同剂量的铜可使大鼠体内不同属的厚壁菌门细菌数量发生变化。补充低剂量的铜可导致动物体内的链球菌科细菌增多，补充高剂量的铜可使乳酸杆菌科、丹毒梭菌科细菌数量增加，但需注意，铜在过量添加时容易导致肠道内抗药性致病菌增加。

3. 锌

锌对维持机体免疫细胞的功能具有重要作用，膳食中增加锌可以显著改变动物微生物组成。锌的缺乏对肠道微生物也有影响，有研究表明，锌可作为抗生素替代物添加至日粮中，可明显增加动物盲肠中乳酸杆菌丰度，减少沙门菌丰度，但过量的锌也会对宿主产生不利影响，过量的膳食锌补充可导致肠道微生态失调，降低宿主对艰难梭菌感染的抵抗力，过量的锌还会促进肠球菌科及梭菌科在肠道中的蓄积（Swain et al.，2016）。

4. 锰

锰作为一种辅助因子，可以促进细胞的完整性，帮助构建肠道黏膜屏障，锰对机体反应影响较大，是大多数微生物维持正常生理活动所必需的，锰可显著增加梭杆菌属和粪杆菌属细菌数量。有研究表明，给予雌性动物锰后，动物肠道中的类杆菌数量显著增加，而厚壁菌门细菌数量下降。动物体内的锰缺乏还会引起动物的体重减轻以及结肠损伤（Li et al.，2021）。

因此在犬猫日常营养添加中，应当注意微量元素在日粮中的补充，避免因过量或比例不调导致的一系列健康问题的发生。

（七）主粮种类对肠道微生物的作用

目前越来越多的宠物主人不再将饲喂宠物的主粮局限于干粮范围，而是大胆尝试生骨肉或其他湿粮。因为猫最早以生骨肉为食，因此有人提出还原生骨肉饮食，即更高的蛋白质和更少的碳水化合物摄入可能对猫有正向影响的假设，通过对猫给予生骨肉后发现，猫粪便菌群发生显著改变，粪便中拟杆菌数量显著降低，梭杆菌科细菌上升，乳酸杆菌减少，粪便整体微生物多样性降低（Kerr et al.，2014）。在犬中也有相似结论，有研究表明，给予生骨肉的犬比给予干粮的犬粪便中厚壁菌门丰度明显降低，放线菌增多，乳球菌减少，肠杆菌增多，并且含有更多的梭杆菌以及分解蛋白的细菌，值得注意的是丹毒梭菌的含量也有所升高（Schmidt et al.，2018）。除了生骨肉饮食外，还有湿粮饮食，也会在一定程度上影响猫肠道微生物群，给予长期饲喂干粮的猫湿粮后，猫粪便中的梭杆菌科细菌发生明显改变，相比起干粮组，放线菌、变形菌和梭杆菌丰度明显降低，与喂食生骨肉引起的变化有相同之处，这些变化可能是因为饲粮中高水平的蛋白质含量引发的。因此在更换不同类型主粮时，应当注意这些肠道微生物群变化可能导致的机体变化，可适当补充益生菌制剂以减少应激发生。

（八）益生菌或益生元制剂对肠道微生物的影响

组成肠道微生物的有机物质通过调节免疫系统及抵抗病原体侵袭来维持宿主健康，益生菌制剂可通过向机体提供有益菌从而调节机体肠道微生物群，益生元制剂主要通过选择性刺激已经存在于肠道内的益生菌活性增长或帮助外来益生菌定植（Ashwin et al.，2022）。有研究对犬给予乳酸杆菌制剂后发现，添加益生菌并未引起犬粪便 pH 值发生变化，粪便中乳酸杆菌及肠球菌数量增加，梭状芽孢杆菌数量降低，可以有效减少粪便中氨浓度且粪便中含有更高浓度的短链脂肪酸，增加机体内 IgA 含量，增强机体免疫应答，降低糖尿病发生率（Metras et al.，2020）。在猫粮中添加罗伊氏乳杆菌后发现，可以有效降低猫腹泻发生率，增加营养物质吸收。在犬粮中添加嗜酸乳杆菌可改善胃肠道微生物平衡，诱导犬的免疫刺激作用，并增强犬的食欲及生长发育。在猫粮中添加嗜酸乳杆菌会增加粪便中乳杆菌数量并降低粪便中大肠杆菌数量，降低粪便中腐败及促炎细菌的数量，还可作用于肠道上皮细胞与树突状细胞及单核巨噬细胞系统，帮助增强机体免疫。益生菌所作为治疗用途，用于治疗犬的过敏性皮炎。近年来，有益生菌与益生元混合制剂运用于猫中，表现出良好效果，粪便中短链脂肪酸食量明显增加，双歧杆菌数量明显增加，在试验期间猫消化率明显增强，并且始终保持健康状态，这种联用混合制剂可以良好地帮助益生菌在肠道内更加大量持续性的定植，更长时间地帮助机体维持肠道稳态（Fusi et al.，2019）。目前有猫粮通过在配方中添加噬菌体来帮助调节猫肠道微生物群，噬菌体是一种能够侵染细菌的病毒，是生物圈中最丰富的物种。噬菌体通过尾丝蛋白与宿主菌表面受体特异性结合侵染细菌使其裂解，精准消灭有害菌，不影响有益菌。30 min 内可杀灭 99.9% 的宿主菌，且不受细菌耐药性限制。面对细菌耐药、抗生素残留等问题，噬菌体作为天然的细菌杀手，是防治细菌性疾病的最佳选择。有研究表明，噬菌体可以裂解肠道中的有害菌例如沙门菌和大肠杆菌，降低了肠道有害菌数量，有益于肠道有益菌（如乳酸菌类）的繁殖和生长，起到了调节肠道微生物群的作用（Weese et al.，2004）。噬菌体能显著降低肠道内有害菌数量，提高肠道有益菌比例；并且有利于免疫器官的发育和体液免疫功能的提高。这些优点使得噬菌体可以更好地应用于调节及改善宠物肠道健康方面。

（九）药物对肠道微生物的影响

抗生素治疗是引起肠道微生物组剧烈变化的干扰之一，不仅会影响到它们所靶向的病原体，还会影响到微生物组成。这些影响将在很大程度上取决于药物的化学性质，包括目标谱、药代动力学和药效学特性，但也取决于剂量和持续时间、给药和排泄途径，以及原有的肠道微生物种类（Whittemore er al., 2019）。口服抗生素给肠道内存在的肠道微生物造成影响，因为它能直接影响肠道微生物的定植与增长，还会影响肠道内环境，如减少内黏液层、减少抗菌肽和免疫耐受，从而进一步影响肠道微生物。除丁酸生产的减少，微生物代谢物对维护肠道内缺氧环境很重要（Weese et al.，2017b）。在犬猫疾病的治疗中，通常会用到抗生素，为了研究抗生素对肠道菌群的影响，有研究利用 16S rRNA 和定量 PCR 技术，研究甲硝唑对健康犬粪便菌群和肠道失调指数的影响，结果显示，口服甲硝唑 7 d 和 14 d 菌群丰富度和均匀度显著降低，粪杆菌属、梭杆菌属丰度降低，链球菌和大肠杆菌丰度增加，且停用甲硝唑 4 周后，梭杆菌门没有完全恢复（Stavroulaki et al.，2023）。同时，甲硝唑处理 7 d 和 14 d 显著升高了肠道失调指数（DI），停药 2 周后，DI 与基线相比已经不再有明显改变。由于抗生素具有副作用和耐药性，其应用受到一定限制。目前，益生菌、益生元等新型治疗方式在犬猫临床中已应用广泛。有研究利用患有炎性肠病（IBD）的犬作为试验动物，比较了抗生素（强的松和甲硝唑）和益生菌治疗 IBD 的效率，结果发现，虽然这两种治疗法都引起其体内临床疾病活动指数、CD3 细胞数的降低和 TGF–8 细胞数的增加，但不同的是用益生菌处理的犬中 TGF–8 细胞数增加的幅度要明显大于用抗生素处理组（Ziese et al.，2021）。此外，这项研究还发现，相比于正常犬，具有炎性肠病的犬菌群中粪杆菌属明显降低，而在用益生菌治疗之后，显著增加了其肠道中粪杆菌属的丰度，使由于 IBD 引起的肠道菌群失调恢复正常。有关屎肠球菌 SF68 对口服阿莫西林克拉维酸猫胃肠道症状和粪便菌群影响的研究发现，口服阿莫西林克拉维酸的猫普遍腹泻，且改变了肠道菌群，饲喂益生菌 SF68 可明显降低总腹泻分数，减轻相关临床异常现象（Gómez et al.，2021）。还有研究针对合生元对口服克林霉素猫临床症状、粪便微生物组和代谢物组的影响进行研究，结果发现，克林霉素可导致猫抗生素相关胃肠道症状、肠道菌群失调和粪便代谢物变化；饲喂合生元（含多种益生菌和益生元）的猫呕吐减少，且两年后菌群没有完全恢复正常。Pilla 等（2019）研究合生元对食物性慢性肠炎犬粪便微生物的影响，结果显示，包含屎肠球菌、低聚果糖和阿拉伯树胶的合生元可使食物性肠炎犬粪便菌群多样性升高、肠球菌属相对丰度略有增加。抗生素对犬猫肠道微生物产生的影响可见一斑，因此，在临床使用抗生素制剂时，应当更加注意使用频率及相关益生菌制剂的补充（Krumbeck et al.，2021）。

在宠物临床中，为控制细菌性感染，抗菌药的使用非常广泛且频繁，甚至有滥用的迹象，因此很容易导致耐药性的产生。而由于人类经常与小动物亲密频繁地接触，它们身上的耐药菌也非常有可能传给人类。研究表明抗生素耐药基因的丰度与居住环境中宠物猫的活动频率呈正相关。肠杆菌科细菌是猫肠道、人肠道和生活环境中共存的主要抗生素耐药基因宿主（Yang et al.，2023）。

参考文献

ALESSANDRI G, MILANI C, MANCABELLI L, et al., 2020. Deciphering the bifidobacterial populations within the canine and feline gut microbiota[J]. Applied and Environmental Microbiology, 86(7): e02875.

ASHWIN K, PATTANAIK A K, PALADAN, et al., 2022. Fermentability of select polyphenol–rich substrates in the canine faecal inoculum and their interaction with a canine–origin probiotic: an in vitro appraisal[J]. Journal of the Science of Food and Agriculture, 102(4): 1586–1597.

BAMPIDIS V, AZIMONTI G, BASTOS M L, et al., 2019. Safety and efficacy of Lactobacillus reuteri NBF–2 (DSM 32264) as a feed additive for cats[J]. EFSA Journal. European Food Safety Authority, 17(1): e05526.

BARRY K A, HERNOT D C, VAN LOO J, et al., 2014. Fructan supplementation of senior cats affects stool metabolite concentrations and fecal microbiota concentrations, but not nitrogen partitioning in excreta[J]. Journal of Animal Science, 92(11): 4964–4971.

BARRY K A, WOJCICKI B J, MIDDELBOS I S, et al., 2010. Dietary cellulose, fructooligosaccharides, and pectin modify fecal protein catabolites and microbial populations in adult cats[J]. Journal of Animal Science, 88(9): 2978–2987.

BELCHIK S E, OBA P M, WYSS R, et al., 2023. Effects of a milk oligosaccharide biosimilar on fecal characteristics, microbiota, and bile acid, calprotectin, and immunoglobulin concentrations of healthy adult dogs treated with metronidazole[J]. Journal of Animal Science, 101: skad011.

BERMINGHAM E N, YOUNG W, KITTELMANN S, et al., 2013. Dietary format alters fecal bacterial populations in the domestic cat (*Felis catus*) [J]. Microbiology Open, 2(1): 173–181.

BIAGI G, CIPOLLINI I, BONALDO A, et al., 2013. Effect of feeding a selected combination of galacto–oligosaccharides and a strain of *Bifidobacterium pseudocatenulatum* on the intestinal microbiota of cats[J]. American Journal of Veterinary Research, 74(1): 90–95.

BLAKE A B, GUARD B C, HONNEFFER J B, et al., 2019. Altered microbiota, fecal lactate, and fecal bile acids in dogs with gastrointestinal disease[J]. PLoS ONE, 14(10): e0224454.

BUFFIE C G, PAMER E G. 2013. Microbiota–mediated colonization resistance against intestinal pathogens[J]. Nature reviews. Immunology, 13(11): 790–801.

CHEN F, BAO X, LIU S, et al., 2021. Gut microbiota affect the formation of calcium oxalate renal calculi caused by high daily tea consumption[J]. Applied Microbiology and Biotechnology, 105(2): 789–802.

DE OLIVEIRA MATHEUS L F, RISOLIA L W, ERNANDES M C, et al., 2021. Effects of saccharomyces cerevisiae cell wall addition on feed digestibility, fecal fermentation and microbiota and immunological parameters in adult cats[J]. BMC Veterinary Research, 17(1): 351.

DEUSCH O, O'FLYNN C, COLYER A, et al., 2015. A longitudinal study of the feline faecal microbiome identifies changes into early adulthood irrespective of sexual development[J]. PLoS ONE, 10(12): e0144881.

EPHRAIM E, JEWELL D E, 2021. Effect of nutrition on age-related metabolic markers and the gut microbiota in cats[J]. Microorganisms, 9(12): 2430.

ESPINOSA C D, STEIN H H, 2021. Digestibility and metabolism of copper in diets for pigs and influence of dietary copper on growth performance, intestinal health, and overall immune status: a review[J]. Journal of Animal Science and Biotechnology, 12(1): 13.

FONTANÉ L, BENAIGES D, GODAY A, et al., 2018. Influence of the microbiota and probiotics in obesity[J]. Clinical Investigation Arteriosclerosis, 30(6): 271-279.

FUSI E, RIZZI R, POLLI M, et al., 2019. Effects of *Lactobacillus acidophilus* D2/CSL (CECT 4529) supplementation on healthy cat performance[J]. Veterinary Record Open, 6(1): e000368.

GILOR C, GRAVES T K, 2023. Diabetes mellitus in cats and dogs[J]. The Veterinary Clinics of North America. Small animal practice, 53(3): xiii–xiv.

GÓMEZ-GALLEGO C, FORSGREN M, SELMA-ROYO M, et al., 2021. The composition and diversity of the gut microbiota in children is modifiable by the household dogs: impact of a canine-specific probiotic[J]. Microorganisms, 9(3): 557.

GRZEŚKOWIAK Ł, ENDO A, BEASLEY S, et al., 2015. Microbiota and probiotics in canine and feline welfare[J]. Anaerobe, 34: 14-23.

GUARD B C, BARR J W, REDDIVARI L, 2015. Characterization of microbial dysbiosis and metabolomic changes in dogs with acute diarrhea[J]. PLoS ONE, 10(5): e0127259.

HONNEFFER J B, MINAMOTO Y, SUCHODOLSKI J S, 2014. Microbiota alterations in acute and chronic gastrointestinal inflammation of cats and dogs[J]. World Journal of Gastroenterology, 20(44): 16489-16497.

IGNACIO A, SHAH K, BERNIER-LATMANI J, et al., 2022. Small intestinal resident eosinophils maintain gut homeostasis following microbial colonization[J]. Immunity, 55(7): 1250–1267.

INNESS V L, MCCARTNEY A L, KHOO C, et al., 2007. Molecular characterisation of the gut microflora of healthy and inflammatory bowel disease cats using fluorescence in situ hybridisation with special reference to *Desulfovibrio* spp[J]. Journal of Animal Physiology and Animal Nutrition, 91(1-2): 48-53.

KANAKUPT K, VESTER BOLER B M, DUNSFORD B R, et al., 2011. Effects of short-chain fructooligosaccharides and galactooligosaccharides, individually and in combination, on nutrient digestibility, fecal fermentative metabolite concentrations, and large bowel microbial ecology of healthy adults cats[J]. Journal of Animal Science, 89(5): 1376–1384.

KERR K R, DOWD S E, SWANSON K S, 2014. Faecal microbiota of domestic cats fed raw whole chicks v. an extruded chicken-based diet[J]. Journal of Nutritional Science, 3: e22.

KIM D H, JEONG D, KANG I B, et al., 2019. Modulation of the intestinal microbiota of dogs by kefir as a functional dairy product[J]. Journal of Dairy Science, 102(5): 3903–3911.

KIM K T, KIM J W, KIM S I, et al., 2021. Antioxidant and anti-inflammatory effect and probiotic properties of lactic acid bacteria isolated from canine and feline feces[J]. Microorganisms, 9(9): 1971.

KRUMBECK J A, REITER A M, POHL J C, et al., 2021. Characterization of oral microbiota in cats: novel insights on the potential role of fungi in feline chronic gingivostomatitis[J]. Pathogens (Basel, Switzerland), 10(7): 904.

KUANG Z, WANG Y, LI Y, et al., 2019. The intestinal microbiota programs diurnal rhythms in host metabolism through histone deacetylase 3[J]. Science, 365(6460): 1428–1434.

KUMAR S, PATTANAIK A K, SHARMA S, et al., 2017. Probiotic potential of a *lactobacillus bacterium* of canine faecal-origin and its impact on select gut health indices and immune response of dogs[J]. Probiotics and Antimicrobial Proteins, 9(3): 262–277.

KWONG T G, CHAU E C T, MAK M C H, et al., 2023. Characterization of the gut microbiome in healthy dogs and dogs with diabetes mellitus[J]. Animals(Basel), 13(15):2479.

LEE J, PARK S, OH N, et al., 2021. Oral intake of *Lactobacillus plantarum* L-14 extract alleviates TLR2- and AMPK-mediated obesity-associated disorders in high-fat-diet-induced obese C57BL/6J mice[J]. Cell proliferation, 54(6): e13039.

LI C Y, LI X Y, SHEN L, et al., 2021. Regulatory effects of transition metals supplementation/deficiency on the gut microbiota[J]. Applied Microbiology and Biotechnology, 105(3): 1007–1015.

LI Q, PAN Y, 2020. Differential responses to dietary protein and carbohydrate ratio on gut microbiome in obese vs. lean cats[J]. Frontiers in Microbiology, 11: 591462.

LÓPEZ G, LATORRE M, REYES-JARA A, et al., 2012. Transcriptomic response of *Enterococcus faecalis* to iron excess[J]. Biometals : An International Journal on The Role of Metal Ions in Biology, Biochemistry, and Medicine, 25(4): 737–747.

LUBBS D C, VESTER B M, FASTINGER N D, et al., 2009. Dietary protein concentration affects intestinal microbiota of adult cats: a study using DGGE and qPCR to evaluate differences in microbial populations in the feline gastrointestinal tract[J]. Journal of Animal Physiology and Animal Nutrition, 93(1): 113–121.

MARSILIO S, PILLA R, SARAWICHITR B, et al., 2019. Characterization of the fecal microbiome in cats with inflammatory bowel disease or alimentary small cell lymphoma[J]. Scientific Reports, 9(1):

19208.

MASUOKA H, SHIMADA K, KIYOSUE-YASUDA T, et al., 2017. Transition of the intestinal microbiota of cats with age[J]. PLoS ONE, 12(8): e0181739.

METRAS B N, HOLLE M J, PARKER V J, et al., 2020. Assessment of commercial companion animal kefir products for label accuracy of microbial composition and quantity[J]. Journal of Animal Science, 98(9): skaa301.

OBA P M, VIDAL S, WYSS R, et al., 2020. Effect of a novel animal milk oligosaccharide biosimilar on the gut microbial communities and metabolites of in vitro incubations using feline and canine fecal inocula[J]. Journal of Animal Science, 98(9): skaa273.

OHSHIMA-TERADA Y, HIGUCHI Y, KUMAGAI T, et al., 2015. Complementary effect of oral administration of Lactobacillus paracasei K71 on canine atopic dermatitis[J]. Veterinary Dermatology, 26(5): 350-e75.

PEZZALI J G, ACUFF H L, HENRY W, et al., 2020. Effects of different carbohydrate sources on taurine status in healthy Beagle dogs[J]. Journal of Animal Science, 98(2): skaa010.

PINNA C, STEFANELLI C, BIAGI G, 2014. In vitro effect of dietary protein level and nondigestible oligosaccharides on feline fecal microbiota[J]. Journal of Animal Science, 92(12): 5593-5602.

SCHMIDT M, UNTERER S, SUCHODOLSKI J S, et al., 2018. The fecal microbiome and metabolome differs between dogs fed bones and raw food (BARF) diets and dogs fed commercial diets[J]. PLoS ONE, 13(8): e0201279.

SHINOHARA M, KIYOSUE M, TOCHIO T, et al., 2020. Activation of butyrate-producing bacteria as well as bifidobacteria in the cat intestinal microbiota by the administration of 1-kestose, the smallest component of fructo-oligosaccharide[J]. The Journal of Veterinary Medical Science, 82(7): 866-874.

STAVROULAKI E M, SUCHODOLSKI J S, XENOULIS P G, 2023. Effects of antimicrobials on the gastrointestinal microbiota of dogs and cats[J]. Veterinary Journal, 291: 105929.

SUCHODOLSKI J S, 2016. Diagnosis and interpretation of intestinal dysbiosis in dogs and cats[J]. Veterinary Journal (London, England : 1997), 215: 30-37.

SUCHODOLSKI J S, 2022. Analysis of the gut microbiome in dogs and cats[J]. Veterinary Clinical Pathology, 50 (Suppl 1): 6-17.

SUCHODOLSKI J S, FOSTER M L, SOHAIL M U, et al., 2015. The fecal microbiome in cats with diarrhea[J]. PloS ONE, 10(5): e0127378.

SWAIN P S, RAO S B N, RAJENDRAN D, et al., 2016. Nano zinc, an alternative to conventional zinc as animal feed supplement: a review[J]. Animal nutrition (Zhongguo xumu shouyi xuehui), 2(3): 134-141.

TANG Y, SARIS P E, 2014. Viable intestinal passage of a canine jejunal commensal strain *Lactobacillus* acidophilus LAB20 in dogs[J]. Current Microbiology, 69(4): 467–473.

WEESE J S, ARROYO L, 2017. Bacteriological evaluation of dog and cat diets that claim to contain probiotics[J]. The Canadian Veterinary Journal, 44(3): 212–216.

WEESE J S, WEESE H E, YURICEK L, et al., 2004. Oxalate degradation by intestinal lactic acid bacteria in dogs and cats[J]. Veterinary Microbiology, 101(3): 161–166.

WERNIMONT S M, RADOSEVICH J, JACKSON M I, et al., 2020. The Effects of nutrition on the gastrointestinal microbiome of cats and dogs: impact on health and disease[J]. Frontiers in Microbiology, 11: 1266.

WHITTEMORE J C, STOKES J E, PRICE J M, et al., 2019. Effects of a synbiotic on the fecal microbiome and metabolomic profiles of healthy research cats administered clindamycin: a randomized, controlled trial[J]. Gut Microbes, 10(4): 521–539.

YANG Y, HU X, CAI S, et al., 2023. Pet cats may shape the antibiotic resistome of their owner's gut and living environment [J]. Microbiome,11(1): 235.

YOUNG W, MOON C D, THOMAS D G, 2016. Pre– and post–weaning diet alters the faecal metagenome in the cat with differences in vitamin and carbohydrate metabolism gene abundances[J]. Scientific Reports, 6: 34668.

ZIESE A L, SUCHODOLSKI J S, 2021. Impact of changes in gastrointestinal microbiota in canine and feline digestive diseases[J]. The Veterinary Clinics of North America: Small Animal Practice, 51(1): 155–169.

第五节　营养与肥胖

肥胖是指体内脂肪积聚过多，一般犬超过理想体重的 15% 以及猫超过理想体重的 20%，即认为犬猫处于肥胖状态，肥胖是犬猫最常见的营养代谢性疾病（Sloth，1992），除表现出体重超标外，还可能伴有肝胆、心血管、关节、呼吸系统、泌尿系统和内分泌系统疾病（German et al.，2009；Tvarijonaviciute et al.，2012；Tvarijonaviciute et al.，2013；Iff et al.，2013），是严重危害宠物机体健康的常见问题。在欧美就诊的犬只中，约有 25% 存在超重和肥胖问题（Edney and Smith，1986；Armstrong，1996）；研究发现犬群的超重和肥胖的发生率在 19.7% ～ 59.3%（Mcgreevy et al.，2005）；美国最大的连锁宠物医院 Banfield 宠物医院发布的《宠物健康状况报告》数据统计显示，从 2007—2011 年，犬的超重和肥胖增加了 37%，猫的超重和肥胖增加了 90%（Banfield，2012），这也和人类肥胖患病率不断上升的趋势相吻合，而 2011—2020 年间，在美国 Banfield 宠物医院就诊的数百万只宠物中，被诊断为超重或肥胖的犬比例增加了 108%（从 2011 年的 16% 到 2020 年升至 34%），猫超重和肥胖比例增幅更高达 114%（从 2011 年的 18% 到 2020 年升至 38%），后期更呈现爆炸式增长（Vancouver，2021）。2022 年，美国宠物肥胖预防协会（APOP）发布的《美国宠物肥胖状况报告》显示 59% 的犬和 61% 的猫处于超重或肥胖状态，美国宠物肥胖预防协会和世界宠物肥胖协会（WPOA）将 2023 年 10 月 11 日认定为“世界宠物肥胖认知日”，呼吁宠物主人重视宠物肥胖问题。

一、犬猫肥胖评估方法

（一）形态测量

一般是指用来估计身体成分的各种测量参数。主要的方法包括测量皮褶厚度、尺寸评估（其中各种身高测量与体重相结合）和身体状况评分。

（二）体尺测量

一般是用卷尺对站立位（腿垂直于地面）且头部竖直的犬猫进行测量，长度的测量（如头部、胸部和四肢）与瘦组织量相关，而腰围的测量显示与腰宽和臀宽相关（Stanton et al.，1992）。肢体节段测量和躯干长度测量与瘦组织量的相关性最好，是较好的评估方法。

（三）体况评分（body condition score, BCS）

前文提到，体况评分是一种主观的、半定量的评估方法，其中9分制使用较广泛（Laflamme，1997），通过视觉和触觉评估皮下脂肪、腹部脂肪和浅表肌肉组织特征，宠物主人较常使用7分制评估自己的宠物。一项研究表明，体况评分体系与双能X-射线吸收仪（DXA）测量的体脂结果之间具有良好的相关性，与经验丰富的工作人员的检查结果相一致，且经验丰富的工作人员的检查结果和宠物主人的评估结果也一致（German et al.，2006），这表明体况评分即便在无相关经验的人应用时，评估结果也可信。

（四）猫体重指数

猫体重指数（FBMI）是根据第九肋骨水平的胸腔周长以及左后肢髌骨和跟骨结节之间的距离计算得出。Hawthorne和Butterwick（2000）报告称，与BCS相比，该方法能更好预测用DXA测量的体脂率（BF%）。Hoelmkjaer（2014）发现FBMI与DXA测量的BF%结果较一致。但猫配合度不同，测量结果可能会存在几厘米的差异。FBMI方案要求猫处于站立位、腿垂直于桌、头部保持直立位置，但实际情况下，这种姿势可能很难实现，在实践中不易操作。犬配合度较好，但犬类品种之间的差异较大，为犬开发类似的系统相对困难（Burkholder，1994）。

（五）Hill体态评估

Hill宠物营养公司联合田纳西大学提出一套形态测量方法，猫6项包括头围、胸围、前腿围、前腿长度、后腿长度和体长。计算后，可得到BF%和理想体重的估测值。与传统BCS方法相比，该方法与DXA检测结果一致，并且适合极度肥胖的猫。

（六）宠物主人的评估

许多宠物主人无法正确评估犬猫的肥胖程度，常常估低BCS值，尤其是超重或肥胖的犬猫（Courcier et al.，2012）。宠物主人估低犬猫的BCS会增加犬猫肥胖风险宠物主人可请教专业兽医后再使用BCS系统，从而尽早发现犬猫超重迹象，尽早采取措施。

二、犬猫肥胖的成因

在宠物群体中，肥胖已经达到了流行病的比例。肥胖所涉及的主要因素可分为影响能量代谢的因素和影响能量摄入及同化的因素，能量代谢直接受静息代谢率、活动代谢率和相对活动的影响，能量摄入受到日粮行为、消化效率以及食物中影响营养同化因素的影响（Speakman，2004）。

（一）营养性因素

犬猫需要营养均衡的优质犬猫粮。一般情况下，肥胖是由能量摄入和消耗之间的不平衡引起的。葡萄糖稳态理论表明，食欲与血清葡萄糖稳态和调节葡萄糖稳态的激素（如胰岛素）有关。研究表明，葡萄糖和抑糖激素（胰岛淀粉样多肽和胰高血糖素样肽 -1[GLP-1]）不仅驱动胰岛素分泌，还驱动大脑中的食欲中枢。日粮中的脂肪酸是增加胃肠激素分泌的主要驱动因素，胃肠激素的分泌会反馈给大脑中的食欲中枢（Speakman et al.，2011），从而调控进食行为。摄入高能量的食物会增加宠物犬猫体重增加的风险，日粮中的脂肪是高效的能量来源。此外，所有的常量营养素（碳水化合物、脂肪、蛋白质）在机体当中都是以体脂的方式储存的，如果能量摄入过多，容易增加体脂，导致体重增加（Laflamme，2012）。因此，在制定日粮计划时，需要根据宠物犬猫的生理状态，尽可能准确地估计能量摄入量，并给出相应的日粮建议。另外，对宠物犬猫来说，除了摄取全面而均衡的日粮外，其他食物的摄取能量不能高于总能量的 10%，以防止日粮当中的营养比例被不均衡的食品破坏。

（二）病理性因素

1. 甲状腺功能减退症

甲状腺功能减退症是一种后天获得性疾病，其主要原因是甲状腺无法产生足够数量的甲状腺素（T4）和三碘甲状腺原氨酸（T3）。这个病症通常由于免疫系统介导的甲状腺功能性组织被破坏（即甲状腺炎）或原发性甲状腺萎缩。大量的临床研究指出，这种疾病与特定犬的品种有关，比如英国塞特犬、多伯曼犬、罗得西亚背脊犬等。犬的甲状腺功能减退症主要症状是皮肤问题，另外还包括过度肥胖或不明原因的体重增加。与犬相比，猫罹患甲状腺功能减退症的情况较为少见，主要出现在 8 个月以下的幼猫中，患病幼猫表现为体型矮胖、四肢短小，头、颈部较阔（AAHA，2023）。

2. 肾上腺皮质功能亢进

肾上腺皮质功能亢进又称库欣综合征，是一种与糖皮质激素水平异常升高有关的疾病，其典型症状包括多尿、多饮、多食和喘息。这种症状可能由于机体内部分泌过多的皮质醇或由于外源性糖皮质激素的使用而引发。然而猫很少受到长期使用外源性糖皮质激素的负面影响，因此猫的外源性库欣综合征的发病率比犬要低（AAHA，2023）。

另外犬猫使用抗癫痫药物和糖皮质激素，也可能会导致其体型偏胖。

（三）品种和遗传因素

犬（拉布拉多猎犬、凯恩梗、骑士查理王小猎犬、苏格兰梗、可卡犬等）和猫（短毛猫等）中有公认的易胖品种，研究表明遗传因素对猫科动物肥胖的发生有影响（Edney and Smith，1986）。一项针对多种家养猫品种的研究中发现，受一类常染色体隐性基因影响，猫会在 8 个月大时表现出是瘦还是肥胖的表型（Häring et al.，2011）。研究还发现混血猫比纯种猫更容易患有肥胖综合征（Lund et al.，2005）。纯种猫的肥胖程度往往被低估，在这里品种倾向也可能因为缺乏统计数据而被忽视。也有研究发现，猫展上的纯种猫超重（BCS > 5/9）的比例很高，某些品种（例如英国短毛猫、缅因猫和挪威森林猫）的 BCS 明显高于其他品种（例如康沃尔霸王龙、阿比西尼亚猫和斯芬克斯猫）（Corbee，2013）。因此品种遗传学可能不是唯一的解释因素，大众评判品种的标准中常使用的措辞（例如，强壮有力与轻盈优雅）也会影响某些品种肥胖风险的判断。

（四）年龄和运动量

Colliard 等（2013）发现犬年龄增加是导致其肥胖的一个危险因素。许多研究发现年长的犬比年轻的犬减肥慢，这可能是由于老年犬的非脂体重减少和活动水平降低。与瘦犬相比，肥胖犬的活动量更少，而对活动能力的评估也证明了瘦犬和肥胖犬之间存在步态差异，患有骨关节炎的肥胖犬在适度体重减轻后的活动能力有所改善。此外，在减肥方案中加入运动也有助于保持瘦组织质量。一些研究表明，猫的肥胖患病率在 2 ～ 3 岁时增加，在中年（5 ～ 11 岁）时达到顶峰，并在老年时趋于下降（Sloth，1992；Scarlett et al.，1994；Lund et al.，2005；Courcier et al.，2012）。室内运动空间有限也会导致犬猫肥胖，多项研究表明，待在室内的猫比能外出的猫更容易超重（Scarlett et al.，1994；Robertson，1999）。人们对犬和猫的运动和活动水平与肥胖之间的关系知之甚少。对于犬来说，日常运动量减少与肥胖有关（Courcier et al.，2010），对于猫来说，户外活动有限或无（Rowe et al.，2015），因此很难评估活动量与肥胖的关系。

（五）性别和绝育

在多项研究中，无论绝育状态如何，公猫公犬有肥胖风险（Scarlett et al.，1994），但绝育会导致犬猫肥胖概率升高，绝育猫超重的概率是未绝育猫的 3 倍多（Courcier et al.，2010）。绝育后不久，犬猫食欲就会明显增加，这可能与自我调节食物摄入量的能力丧失有关（Fettman，1997）。因此，每日能量摄入量应适当减少以防止绝育后体重过度增加，绝育后肥胖与基础代谢降低以及手术后体力活动水平降低有关（Fettman，

1997；Kanchuk et al.，2003）。在绝育动物身上通常出现脂肪增加的情况，当能量消耗以瘦体重为基础表示时，绝育和未绝育个体之间的代谢率没有明显差异（Harper et al.，2001）。绝育对肥胖影响的另一种解释是摄食行为的改变，一方面是食物摄入量增加（Kanchuk et al.，2003），另一方面是活动量减少，但能量摄入量没有相应减少（Scarlett and Donoghue，1998）。绝育后能量需求减少和食物消耗增加共同增加了与绝育相关的肥胖风险（Fettman et al.，1997；Kanchuk et al.，2003）。

（六）犬猫主人喂养习惯

宠物的食物和生活方式很大程度上取决于宠物主人的态度、认知和行为，宠物主人不科学喂养会直接导致宠物肥胖。犬的肥胖受到食物管理、锻炼和社会因素（如宠物主人认为肥胖不是健康问题的认知）影响。此外，研究发现，犬的超重程度与其主人的体重指数有关。这表明宠物主人态度和行为会影响宠物体重，犬的超重程度与饲养时间呈正相关（Nijland et al.，2010）。这与另一项研究相一致，猫肥胖的一个重要因素与宠物主人的认知有关，新西兰一群猫肥胖的最重要原因是主人低估了这群猫的体况。宠物主人认知不足会导致宠物体重过重，这也是宠物超重或肥胖状态的一个重要因素（Endenburg et al.，2018）。

三、肥胖对犬猫的危害

在人类群体中，肥胖趋势正成为不可忽略的严峻问题，它不仅增加了死亡风险，还容易诱发多种疾病。肥胖的人通常寿命较短，并且更有可能患上Ⅱ型糖尿病、高血压、冠心病、某些癌症、骨关节炎等疾病。同样，对犬猫来说，肥胖也不利于寿命与健康，肥胖犬猫可能遇到的问题包括骨科疾病、糖尿病、血脂异常、心肺疾病、泌尿系统疾病、生殖障碍、肿瘤、皮肤病和麻醉并发症等。在临床实践中，肥胖增加了对动物进行临床评估的难度，比如肥胖犬猫的麻醉风险增加（Van Goethem et al.，2003）。此外，肥胖犬猫的耐热性和耐力方面也表现不佳。在最近的一项研究中证明控制日粮可延长犬的寿命，能量限制组的身体状况评分比随意进食组的更接近健康标准（Kealy et al.，2000）。这表明适当的能量摄入和体重控制对于延长伴侣动物的寿命具有重要意义。

（一）糖尿病

胰岛B细胞分泌的胰岛素通过控制外周组织来摄取和使用葡萄糖，在人类中，随着能量摄入过多的发生，组织对胰岛素的敏感性降低，即“胰岛素抵抗”（Pittas et al.，2004），并且血浆胰岛素浓度的增加与体重指数的增加呈正比（Calle and Thun，2004）。肥胖，尤其是腹部肥胖，是胰岛素抵抗发生的重要因素（Arner，2003）。猫容易患有糖尿病，类似于人类的Ⅱ型糖尿病，肥胖影响猫的正常生命安全（Nelson et al.，1990）。试验证明，患有糖尿病的猫对胰岛素的敏感性明显低于没有糖尿病的猫（Feldhahn et al.，1999）。

（二）癌症

有足够的证据证明避免体重增加可以预防至少有13种癌症的发生（Lauby-Secretan et al.，2016），这可以解释不同类型癌症之间关联的系统机制涉及过度肥胖和性类固醇激素、生长因子产生和慢性胰岛素血症的增加（Calle and Kaaks，2004）。在肥胖状态下，脂肪因子失调，从而导致代谢反应失衡和高胰岛素血症等病症的发生。体重过重还与胰岛素水平升高有关，而胰岛素水平又与子宫内膜、结肠癌和胰腺癌等癌症的风险相关。胰岛素本身可能促进肿瘤生长，但胰岛素还促进胰岛素样生长因子IGF-1的产生，IGF-1参与细胞增殖。胰岛素和IGF-1均已在体外被证明可促进细胞增殖并抑制细胞凋亡并增强转移（Ish-Shalom et al.，1997；Khandwala et al.，2000）。因此，多种全身和局部机制可以解释肥胖与癌症之间的广泛关联。

（三）高脂血症和血脂异常

根据研究表明，肥胖犬可能会发生脂质变化，体内胆固醇、甘油三酯和磷脂含量均在参考范围内有所增加（Diez et al.，2004）。通过喂食高能量日粮使实验犬变得肥胖，结果表明，增加极低密度脂蛋白（VLDL）和高密度脂蛋白（HDL）的浓度，同时降低高密度脂蛋白胆固醇（HDL-C）的浓度，可以增加血浆游离脂肪酸和甘油三酯的浓度，这种变化与胰岛素抵抗有关（Bailhache et al.，2003）。然而脂质改变是否导致肥胖犬胰腺炎发病率增加需要进一步研究。

（四）骨科疾病

肥胖是伴侣动物（尤其是犬）骨科疾病的主因素。据报道，肥胖情况下，创伤性和退行性骨科疾病的发病率有所增加（Smith et al.，2001），超重是可卡犬肱骨髁骨折、颅十字韧带断裂和椎间盘疾病的诱发因素（Brown et al.，1996）。此外，许多研究强调了肥胖与骨关节炎发展之间的关联，而减轻体重可以显著改善患有髋骨关节炎犬的跛行程度（Kealy et al.，2000）。肥胖猫跛行的风险是瘦猫的5倍，如果超重猫体重减轻到理想体重，可以减少12%～22%的跛行病例（Scarlett and Donoghue，1998）。

（五）心肺疾病和高血压

肥胖会对呼吸系统功能产生影响。数据表明，肥胖是小型犬发生气管塌陷的重要危险因素（White and Williams，1994）。不仅如此，肥胖还会加剧犬的中暑和其他呼吸系统疾病包括喉麻痹以及短头气道阻塞综合征。此外，肥胖还会影响心脏功能，因为体重增加会影响心律并增加左心室容量、血压和血浆容量，但是肥胖对犬高血压的影响仍存在争议。许多试验研究利用肥胖犬作为高血压和胰岛素抵抗发病机制的模型（Truett et al.，1998）。

（六）泌尿道和生殖系统疾病

来自实验犬的证据表明，肥胖的发生与肾脏的组织学变化有关，其中最显著的是鲍曼间隙的增加、系膜基质增加、肾小球和肾小管基底膜增厚，以及每个肾小球分裂细胞数量增加（Henegar et al.，2001）。在同一研究中注意到肾脏功能变化，包括血浆肾素浓度、胰岛素浓度、平均动脉压和血浆肾流量的增加。因此，German（2006，2016）推测这些变化如果持续下去，可能会导致更严重的肾小球和肾脏损伤。

四、通过营养管理调控犬猫肥胖

（一）营养成分管理

1. 能量平衡

能量平衡公式 = 能量摄入 – 能量支出。能量正平衡是能量摄入超过支出，相反，当支出超过摄入时，就是能量负平衡。在正常情况下，如能在一餐餐、一天天和一周周的波动中达到平衡，就不会改变体重和能量储备。为了更好地管理体重，我们从能量平衡的角度去评估能量摄入量，尽可能将宠物犬猫的所有能量摄入来源综合考虑在内。业界有几种可以估算能量需要量的方法（Flanagan et al.，2017；2018），通过与兽医的沟通，可以得到宠物犬猫的理想体重（ideal body weight,IBW）或目标体重（target body weight，TBW），并依据静息能量需要（resting energy requirements，RER）和维持能量需要（maintenance energy requirement，MER）以及宠物犬猫的身体状况为其提供合理配比的优质犬猫粮，实现有效控制体重从而避免肥胖。为了实现减肥，建议犬所需的能量摄入量为（63±10.2）kcal/（$BW^{0.75}$·d）（Flanagan et al.，2017），猫所需的能量摄入量为（52±4.9）kcal/（$BW^{0.711}$·d）（Flanagan et al.，2018）。适度限制能量摄入可使超重犬猫体重减轻（Keller et al.，2020），但仍要紧密跟踪宠物的新陈代谢情况以进一步调整能量摄入量，以满足犬猫机体动态变化需求。

2. 高蛋白低碳水日粮

高蛋白、低碳水化合物日粮对减轻人类体重具有潜在益处，Bierer（2004）的研究结果表明，犬摄入高蛋白低碳水化合物日粮也有同样好处。将犬类减肥日粮从高碳水化合物水平调整为以蛋白质为主，而不用额外减少热量摄入，也可有很好的减肥效果，这种体重减轻主要是由于在保持瘦肌肉质量的同时减少脂肪量的。Diez（2002）的试验也表明，较高的蛋白质摄入量会减少非脂体重的损失。其中母犬的能量限制应该更高，并随着时间的推移进行验证，以确保定期减肥。

3. 高纤维高蛋白日粮

研究发现，犬猫饱腹感最大化是实现犬猫减重的关键。Christman 等（2015）通过给犬喂食高纤维新型体重管理食品（NWMF），有效减轻肥胖犬的体重并保持健康体重。宠物主人发现减肥后的犬的精力和幸福感显著增加，并且食欲和乞食行为没有发生显著变化。German 等（2016）也报道，完成减肥计划的犬活力有所增加。给犬猫执行减肥计划的宠物主人可能面临的问题是犬猫能量限制有可能导致其饥饿从而觅食或乞食行为增加。在 Flanagan 等（2017）的研究中，大多数宠物主人报告宠物乞食行为没有增加，部分宠物主人甚至报告乞食行为下降。这可能是因为使用了高蛋白高纤维日粮，与其他日粮相比，这种日粮可以减少自愿食物摄入量，并改善减肥效果。Butterwick 等（1997）报道，添加不同数量和类型的膳食纤维不会影响犬的能量摄入。Jewell 等（1996）发现，增加纤维会增加比格犬的饱腹感和减少肥胖发生，但食物总摄入量却未减少。German 等（2016）发现，在控制能量摄入量相似的情况下，家庭环境中的宠物犬在喂食高纤维和高蛋白食物时比喂食中低纤维和高蛋白食物时的体重减轻更多且更快。猫减肥日粮中的蛋白质和纤维含量必须仔细控制，以防止其饥饿，在确保适口性的同时保持瘦体重。补充日粮纤维可能会使猫摄食量下降，如果添加过多的纤维量，日粮适口性会大打折扣，会影响犬猫正常摄入量。此外，增加日粮蛋白质含量通常会增加而不是减少犬猫摄入量。因此，可降低饥饿感、同时保留机体肌肉组织且不影响适口性的犬猫粮可适度增加日粮纤维。

4. 左旋肉碱

左旋肉碱是一种在肝脏和肾脏中在抗坏血酸存在的情况下，由赖氨酸和蛋氨酸从头合成的氨基酸。补充左旋肉碱可改善氮保留，增加瘦体重并减少脂肪量（Macintosh，2001）。在减肥餐食中加入 50 ～ 300 mg/kg 的左旋肉碱，可以减少减肥过程中瘦肉组织的损失（Heo et al.，2000）。一般来说，体脂成分越高，减肥过程中脂肪减少的幅度就越大。研究发现补充肉碱并不能保存瘦肉组织质量并促进体内脂肪减少，只是可能有助于减肥（Biourge et al.，1994）。研究发现饲喂左旋肉碱 18 周后，猫体重减轻率显著加快未发现副作用（Center et al.，2000）；研究发现拉布拉多犬摄入 125 mg 左旋肉碱，耗氧量与能量消耗均升高，与公犬相比，高体脂和低瘦体重的母犬脂肪氧化率更高（Varney et al.，2020）。

5. 淀粉酶抑制剂和抗性淀粉

（1）淀粉酶抑制剂

白芸豆是一种富含蛋白质和碳水化合物的营养食品，其提取物含有 α－淀粉酶抑制剂，也因此被称为“淀粉阻滞剂”。研究表明，白芸豆提取物具有多种有益健康的特性，包括抗氧化、抗癌、抗炎、抗肥胖、抗糖尿病和保护心脏等功效（Ganesan et al.，2017）。实验动物研究显示，白芸豆提取物能有效减少食欲、降低碳水化合物的吸收和代谢、减少脂肪积累、控制体重增加、降低血糖，以及调节肥胖动物肠道中的微生物群落（Udani et al.，2018）。Maccioni 等（2010）的研究指出，经常食用含有可溶性纤维和抗性淀粉的白芸豆，可以降低人体血糖指数、降低低密度脂蛋白（LDL）水平、提高高密度脂蛋白（HDL）水平，并减少代谢综合征的风险，从而有助于降低心血管疾病、肥胖症和糖尿病的风险。因此，白芸豆提取物在延缓复杂碳水化合物的分解、减少肠道吸收、影响葡萄糖－胰岛素系统等方面展现出显著的优势，为犬肥胖症的研究提供了广阔的应用前景。

（2）抗性淀粉

比较犬淀粉和抗性淀粉膨化粮的研究发现，不同淀粉来源可改变营养物质在犬体内的消化吸收，从而影响胃排空率，抗性淀粉在消化吸收减少的基础上加快胃排空（Richards et al.，2021 ）。一项针对肥胖犬摄入含有玉米抗性淀粉犬粮的研究显示，与对照组犬体重增加不同，摄入含有玉米抗性淀粉犬粮的试验组犬体重未变化，血清脂联素浓度在正常范围内，但显著高于对照组，这说明含有玉米抗性淀粉犬粮可能在一定程度上有利于犬的体重管理（Cho et al.，2023）。

6. n–3 脂肪酸

一般情况下，日粮脂肪含量高不利于体重控制和减肥，每克脂肪能产生大约 8.5 ～ 9 kcal 热量（Serisier et al.，2013）。因此，随着食物中脂肪的增加，在等热量基础上所需食物量减少，也就是说高脂日粮的饱腹感较低。出于犬猫体重控制需要，一方面要降低日粮中脂肪含量，另一方面还应提高日粮中 n–3 脂肪酸的含量。在机体肥胖情况下，脂肪组织产生的炎症介质会增加（Wu et al.，2013），富含 n–3 脂肪酸的日粮可以调整这些脂质炎症介质。n–3 脂肪酸通过介入前列腺素和白三烯的生成路径，减少由花生四烯酸衍生的促炎信号。n–3 脂肪酸对因犬猫肥胖所致相关疾病有一定缓解作用，对肥胖状态下犬猫机体维持健康可能有一定促进作用，但对减重的作用，尚无明确结论（Martnez–Victoriia，2012）。

7. 益生菌

益生菌能够控制犬猫肥胖主要体现在改善肠道微生物群落、调节信号传导、代谢能量能够变化、免疫反应，以及神经活动和食欲的调节等方面。益生菌能够优化肠道菌群，增加食物纤维或聚糖在结肠中发酵产生的 SCFA 的含量。肥胖和体重正常的宠物在胃肠道微生物组成上存在差异，在肥胖犬中，与 SCFA 产生相关的细菌群，如拟杆菌属（*Bacteroides* spp.）、双歧杆菌属（*Bifidobacterium* spp.）、乳杆菌属（*Lactobacillus* spp.）和真杆菌属（*Eubacterium* spp.）的数量普遍较少（Handl et al.，2013）。而与之相比，体重正常的犬则具有更高的真杆菌属（*Eubacterium* spp.）的相对丰度（Forster et al.，2018）。此外，SCFA 能通过激活身体内部的多个信号通路，促进脂肪生成，抑制肝脏中的胆固醇和脂肪酸合成，增加能量消耗，从而调节肥胖（Ang and Ding，2016）。

（二）喂养管理

1. 增加身体能量消耗

增加身体能量消耗是喂养管理中的有效辅助手段。当与日粮计划结合使用时，它可以有效减少脂肪，并有助于维持肌肉组织。有证据表明，锻炼有助于防止成功减肥后体重迅速反弹。对于犬而言，可以采用牵绳行走、游泳和跑步机来增加运动量。对于猫而言，可以利用游戏来增加猫的活动量，如猫玩具、猫爬架（German，2006）。一般而言，越胖的宠物犬猫也越难执行减肥计划，制定犬猫减肥计划时需要考虑减肥计划的可行性与合理性，使得宠物恢复健康。Matei 等（2017）依据他们的减肥方案得出，在犬猫超重或肥胖的情况下，干粮更适合用于减肥，并与活动量及锻炼水平相关，因此应保持适度的活动水平。减肥是否成功也要根据对健康的影响来判断，一项针对肥胖犬减肥前后的健康相关生活质量评估的问卷调查显示，当犬处于肥胖状态时，生活质量较差，减肥后情况得到改善，尤其以身体活动相关的改善最为明显（Endenburg et al.，2018）。

2. 减缓进食

在养宠过程中发现，部分犬猫出现进食速度过快的问题，原因可能是曾经经历过不稳定的进食规律、在多宠家庭中争食或护食、寄生虫等疾病等，而过快的进食速度容易引起犬猫呕吐、胃酸反流、进食量超出身体原本能承受的量从而导致肥胖、消化系统疾病等。为了减缓进食，一方面倡导少食多餐，规律定时定量喂食。依据犬猫生活习性的不同，犬一般采用间断饲喂，即像人类一样有餐次之分，每顿饭之间有时间间隔，而猫一般采用持续少量进食，没有明显餐次分别。为了减缓进食，计算好满足宠物营养需要量的前提下，可以适当增加餐次，如一日饲喂 3 ～ 4 次，同时每餐次所给予的粮量减少。另一方面，还可以借助一些减缓进食速度的工具，比如减肥餐盘、漏食球等，为犬猫进食设置一定的阻碍。

3. 合理调整饲喂量

犬猫减肥过程中，宠物主人应循序渐进调整肥胖犬猫饲喂方案，不可以在短时间内突然改变食谱或突然减少饲喂量，这会使犬猫应激从而出现厌食等症状，从而引发猫脂肪肝（Beynen，2021），应避免猫应激少食不食引发脂肪肝等问题发生。

犬猫肥胖问题，预防重于应对，宠物主人应防患于未然，重视犬猫健康，积极避免犬猫发生肥胖。

参考文献

AAHA, 2023. 2023 AAHA selected endocrinopathies of dogs and cats guidelines. Available at: https://www.aaha.org/globalassets/02–guidelines/2023–aaha–selected–endocrinopathies–of–dogs–and–cats–guidelines/resources/endocrinegl_321sheet_digital.pdf (Accessed: 14 January 2024).

AAHA, 2023. Clinicopathologic findings that can occur with Cushing's syndrome – AAHA. Available at: https://www.aaha.org/globalassets/02–guidelines/2023–aaha–selected–endocrinopathies–of–dogs–and–cats–guidelines/tables/endocrinegl_table2.pdf (Accessed: 14 January 2024).

AAHA, 2023. Decision tree for feline hypothyroidism diagnosis and treatment – AAHA. Available at: https://www.aaha.org/globalassets/02–guidelines/2023–aaha–selected–endocrinopathies–of–dogs–and–cats–guidelines/tables/endocrinegl_figure1.pdf (Accessed: 14 January 2024).

ANG Z, DING J L, 2016. GPR41 and GPR43 in obesity and inflammation – protective or causative? [J]. Front Immunology, 7:28.

ARMSTRONG P J, 1996. Changes in body composition and energy balance with aging[J]. Veterinary Clinical Nutrition, 3: 83–87.

ARNER P, 2003. The adipocyte in insulin resistance: key molecules and the impact of the thiazolidinediones[J]. Trends in Endocrinology & Metabolism, 14(3): 137–145.

BAILHACHE E, OUGUERRAM K, GAYET C, et al., 2003. An insulin–resistant hypertriglyceridaemic normotensive obese dog model: assessment of insulin resistance by the euglycaemic hyperinsulinaemic clamp in combination with the stable isotope technique[J]. Journal of Animal Physiology and Animal Nutrition, 87(3–4): 86–95.

BANFIELD, 2012. State of pet health report [J/OL]. https://www.banfield.com/Banfield/media/PDF/Downloads/soph/Banfield–State–of–Pet–Health–Report_2012.pdf.

BEYNEN A C, 2021. Diet and feline hepatic lipidosis [J].Animal And arts, 6: 156–157.

BIERER T L, BUI L M, 2004. High–protein low–carbohydrate diets enhance weight loss in dogs [J]. The Journal of Nutrition, 134(8): 2087S–2089S.

BIOURGE V C, MASSAT B, GROFF J M, et al., 1994. Effects of protein, lipid, or carbohydrate supplementation on hepatic lipid accumulation during rapid weight loss in obese cats[J]. American Journal of Veterinary Research, 55(10): 1406–1415.

BROWN D C, COZEMIUS M G, SHOFER F S, 1996. Body weight as a predisposing factor for humeral condylar fractures, cranial cruciate rupture and intervertebral disc disease in Cocker Spaniels[J]. Veterinary and Comparative Orthopaedics and Traumatology, 9: 75–78.

BURKHOLDER W, 1994. Body composition of dogs determined by carcass composition analysis, deuterium oxide dilution, subjective and objective morphometry, and bioelectrical impedance[D]. Blacksburg: Veterinary Medical Sciences, Virginia Polytechnic Institute and State University.

BUTTERWICK R F, MARKWELL P J, 1997. Effect of amount and type of dietary fiber on food intake in energy–restricted dogs[J]. American Journal of Veterinary Research, 58: 272–276.

CALLE E E, KAAKS R, 2004. Overweight, obesity, and cancer: epidemiological evidence and proposed mechanisms[J]. Nature Reviews Cancer, 4: 579–591.

CALLE E E, THUN M J, 2004. Obesity and cancer[J]. Oncogene, 23: 6365–6378.

CENTER S A, HARTE J, WATROUS D, et al., 2000. The clinical and metabolic effects of rapid weight loss in obese [J]. Journal of Veterinary Intern Medicine, 14: 598–608.

CHO H, SEO K, CHUN J L, et al., 2023. Effects of resistant starch on anti–obesity status and nutrient digestibility in dogs [J]. Journal of Animal Science and Technology, 65(3):550–561.

CHRISTMANN U, BEČVÁŘOVÁ I, WERRE S, et al., 2015. Effectiveness of a new weight management food to achieve weight loss and maintenance in client–owned obese dogs[J]. International Journal of Applied Research in Veterinary Medicine, 13(2):101–110.

CORBEE R J, 2013. Obesity in show dogs[J]. Journal of Animal Physiology and Animal Nutrition (Berlin), 97: 904–910.

COURCIER E A, MELLOR D J, PENDLEBURY E, et al., 2012. An investigation into the epidemiology of feline obesity in Great Britain: results of a cross–sectional study of 47 companion animal practises[J]. The Veterinary Record, 171: 560–564.

COURCIER E A, THOMSON R M, MELLOR D J, et al., 2010. An epidemiological study of environmental factors associated with canine obesity[J]. Journal of Small Animal Practice, 51: 362–367.

DIEZ M, MICHAUX C, JEUSETTE I, et al., 2004. Evolution of blood parameters during weight loss in experimental obese Beagle dogs[J]. Journal of Animal Physiology and Animal Nutrition, 88: 166–171.

DIEZ M, NGUYEN P, JEUSETTE I, et al., 2002. Weight loss in obese dogs: evaluation of a high–protein, low–carbohydrate diet[J]. The Journal of Nutrition, 132: 1685–1687.

EDNEY A T B, SMITH P M, 1986. Study of obesity in dogs visiting veterinary practices in the United Kingdom[J]. The Veterinary Record, 118: 391–396.

ENDENBURG N, SOONTARARAK S, CHAROENSUK C, et al., 2018. Quality of life and owner attitude to dog overweight and obesity in Thailand and the Netherlands[J]. BMC Veterinary Research, 14(1): 221.

FELDHAHN J R, RAND J S, MARTIN G, 1999. Insulin sensitivity in normal and diabetic cats[J].

Journal of Feline Medicine and Surgery, 1: 107–115.

FETTMAN M J, STANTON C A, BANKS L L, 1997. Effects of neutering on body weight, metabolic rate and glucose tolerance in domestic cats[J]. Research in Veterinary Science, 62: 131–136.

FLANAGAN J, BISSOT T, HOURS M A, et al., 2017. Success of a weight loss plan for overweight dogs: the results of an international weight loss study[J]. Plos ONE, 12(9): e0184199.

FLANAGAN J, BISSOT T, HOURS M A, et al., 2018. An international multi–centre cohort study of weight loss in overweight cats: Differences in outcome in different geographical locations[J]. PLoS ONE, 13(7):e0200414.

FORSTER G M, STOCKMAN J, NOYES N, et al., 2018. A comparative study of serum biochemistry, metabolome and microbiome parameters of clinically healthy, normal weight, overweight, and obese companion dogs[J]. Topics in Companion Animal Medicine, 33(4): 126–135.

GANESAN K, XU B, 2017. Polyphenol–rich dry common beans (phaseolus vulgaris l.) and their health benefits[J]. International Journal of Molecular Sciences, 18(11): 2331.

GERMAN A J, 2006. The growing problem of obesity in dogs and cats[J]. The Journal of Nutrition, 136(7): 1940–1946.

GERMAN A J, 2016. Weight management in obese pets: the tailoring concept and how it can improve results[J]. Acta Veterinaria Scandinavica, 58(Suppl 1): 57.

GERMAN A J, HERVERA M, HUNTER L, et al., 2009. Insulin resistance and reduction in plasma inflammatory adipokines after weight loss in obese dogs[J]. Domestic Animal Endocrinology, 37: 214–226.

HANDL S, GERMAN A J, HOLDEN S L, et al., 2013. Faecal microbiota in lean and obese dogs[J]. FEMS Microbiology Ecology, 84(2): 332–343.

HÄRING T, WICHERT B, DOLF G, et al., 2011. Segregation analysis of overweight body condition in an experimental cat population[J]. The Journal of Heredity, 102 (S1):28–31.

HARPER E J, STACK D M, WATSON T D G, et al., 2001. Effect of feeding regimens on body weight, composition and condition score in cats following ovariohysterectomy[J]. The Journal of Small Animal Practice, 42: 433–438.

HAWTHORNE A, BUTTERWICK R B, 2000. Predicting the body composition of cats: development of a zoometric measurement for estimation of percentage body fat in cats [J]. Journal of Veterinary Internal Medicine, 14: 365.

HENEGAR J R, BIGLER S A, HENEGAR L K, et al., 2001. Functional and structural changes in the kidney in the early stages of obesity[J]. Journal of the American Society of Nephrology : JASN, 12:1211–1217.

HEO K, ODLE J, HAN I K, et al., 2000. Dietary L–carnitine improves nitrogen utilization in growing pigs fed low–energy, fatcontaining diets[J]. The Journal of Nutrition, 130:1809–1814.

HOELMKJAER K M, BJORNVAD C R, 2014. Management of obesity in cats[J]. Veterinary Medicine: Research and Reports,1: 97–107.

IFF I, GERMAN A J, HOLDEN S L, et al., 2013. Oxygenation and ventilation characteristics in obese sedated dogs before and after weight loss: a clinical trial[J]. Veterinary Journal, 198: 367–371.

ISH–SHALOM D, CHRISTOFFERSEN C T, VORWERK P, et al., 1997. Mitogenic properties of insulin and insulin analogues mediated by the insulin receptor[J]. Diabetologia, 40: 25–31.

JEWELL D E, TOLL P W, 1996. Effects of fiber on food intake in dogs[J]. Veterinary Clinical Nutrition, 4: 115–118.

JEWELL D E, TOLL P W, AZAIN M J, et al., 2006. Fiber but not conjugated linoleic acid influences adiposity in dogs[J]. Veterinary Therapeutics, 7(2):78–85.

KANCHUK M, BACKKUS R, CALVERT C, et al., 2003. Weight gain in gonadectomized normal and lipoprotein lipase–deficient male domestic cats results from increased food intake and not decreased energy expenditure[J]. Journal of Nutrition, 133: 1866.

KEALY R D, LAWLER D F, BALLAM J M, et al., 2000. Evaluation of the effect of limited food consumption on radiographic evidence of osteoarthritis in dogs[J]. Journal of the American Veterinary Medical Association, 217:1678–1680.

KELLER E, SAGOLS E, FLANAGAN J, et al., 2020. Use of reduced–energy content maintenance dets for modest weight reduction in overweight cats and dogs [J]. Research in Veterinary Science, 13: 194–205.

KHANDWALA H M, MCCUTCHEON I E, FLYVBJERG A, et al., 2000. The effects of insulin–like growth factors on tumorigenesis and neoplastic growth[J]. Endocrine Reviews, 21: 215–244.

LAFLAMME D P, 2012. Companion animals symposium: obesity in dogs and cats: what is wrong with being fat? [J]. Journal of Animal Science, 90(5): 1653–1662.

LAFLAMME D P, 1997. Development and validation of a body condition score system for dogs [J]. Canine Practice, 22(4): 10–15.

LAFLAMME D P, 1997. Development and validation of a body condition score system for cats: a clinical tool [J]. Feline Practice, 25(5/6): 13–18.

LAUBY–SECRETAN B, SCOCCIANTI C, LOOMIS D, et al., 2016. For the international agency for research on cancer handbook working group body fatness and cancer: viewpoint of the IARC working group[J]. New England Journal of Medicine, 375: 794–798.

LUND E M, ARMSTRONG J, KIRK C A, et al., 2005. Prevalence and risk factors for obesity in adult cats from private US veterinary practices[J]. International Journal of Applied Research in Veterinary Medicine, 3: 88–96.

MACCIONI P, COLOMBO G, RIVA A, et al., 2010. Reducing effect of a phaseolus vulgaris dry extract on operant self–administration of a chocolate–flavoured beverage in rats[J]. British Journal of Nutrition, 104(5):624–628.

MACINTOSH M K, 2001. Nutrients and compounds affecting body composition and metabolism[J]. Compendium on Continuing Education for the Practicing Veterinarian, 23: 18–28.

MARTNEZ–VOCTORIA E, YAGO M D, 2012. Omega 3 polyunsaturated fatty acids and body weight [J].British Journal of Nutrition, 107(S2):107–106.

MCGREEVY P D, THOMSON P C, PRIDE C, et al., 2005. Prevalence of obesity in dogs examined by Australian veterinary practices and the risk factors involved[J]. Veterinary Record, 156: 695–702.

NELSON R W, HIMSEL C A, FELDMAN E C, et al., 1990. Glucose tolerance and insulin response in normal weight and obese cats[J]. American Journal of Veterinary Research, 51: 1357–1362.

NIJLAND M L, STAM F, SEIDELL J C, 2010. Overweight in dogs, but not in cats, is related to overweight in their owners[J]. Public Health Nutrition, 13(1): 102–106.

RICHARDS T L, RANKOVC A, CANT J P, et al., 2021. Effect of total starch and resistant starch in commercial extruded dog foods on gastric emptying in Siberian Huskies [J]. Animals, 11(10): 2928.

PITTAS A G, JOSEPH N A, GREENBERG A S, 2004. Adipocytokines and insulin resistance [J]. The Journal of Clinical Endocrinology & Metabolism, 89: 447–452.

ROBERTSON I D, 1999. The influence of diet and other factors in owner–perceived obesity in privately owned cats from metropolitan Perth, Western Australia[J]. Preventive Veterinary Medicine, 40: 75–85.

ROWE E, BROWNE W, CASEY R, et al., 2015. Risk factors identified for owner–reported feline obesity at around one year of age: dry diet and indoor lifestyle[J]. Preventive Veterinary Medicine, 121: 273–281.

SCARLETT J M, DONOGHUE S, 1998. Associations between body condition and disease in cats[J]. Journal of the American Veterinary Medical Association, 212(11): 1725–1731.

SCARLETT J M, DONOGHUE S, SAIDLA J, et al., 1994. Overweight cats: prevalence and risk factors[J]. International Journal of Obesity and Related Metabolic Disorders: Journal of the International Association for the Study of Obesity, 18 (1): S22–S28.

SERISIER S, WEBER M, FEUGIER A, et al., 2013. Maintenance energy requirements in miniature colony dogs[J]. Journal of Animal Physiology and Animal Nutrition, 97(1):60–67.

SLOTH C, 1992. Practical management of obesity in dogs and cats[J]. The Journal of Small Animal

Practice, 33: 178–182.

SMITH G K, MAYHEW P D, KAPATKIN A S, et al., 2001. Evaluation of risk factors for degenerative joint disease associated with hip dysplasia in German Shepherd Dogs, Golden Retrievers, Labrador Retrievers, and Rottweilers[J]. Javma–Journal of the American Veterinary Medical Association, 219: 1719–1724.

SPEAKMAN J R, 2004. Obesity: the integrated roles of environment and genetics[J]. The Journal of Nutrition, 134(S8): 2090–2105.

SPEAKMAN J R, LEVITSKY D A, ALLISON D B, et al., 2011. Set points, settling points and some alternative models: theoretical options to understand how genes and environments combine to regulate body adiposity[J]. Disease Models & Mechanisms, 4(6): 733–745.

STANTON C A, HAMA D W, JOHNSON D E, et al., 1992. Bioelectrical impedance and zoometry for body composition analysis in domestic cats[J]. American Journal of Veterinary Research, 53: 251–257.

TITOS E, CLÀRiA J, 2013. Omega–3–derived mediators counteract obesity–induced adipose tissue inflammation[J]. Prostaglandins and Other Lipid Mediators,107: 77–84.

TRUETT A A, BORNE A T, MONTEIRO M P, et al., 1998. Composition of dietary fat affects blood pressure and insulin responses to dietary obesity in the dog[J]. Obesity Research, 6: 137–146.

TVARIJONAVICIUTE A, CERON J J, HOLDEN S L, et al., 2012. Obesity–related metabolic dysfunction in dogs: a comparison with human metabolic syndrome[J]. BMC Veterinary Research, 8: 147.

TVARIJONAVICIUTE A, CERON J J, HOLDEN S L, et al., 2013. Effect of weight loss in obese dogs on indicators of Renal function or disease[J]. Journal of Veterinary Internal Medicine, 27: 31–38.

UDANI J, TAN O, MOLINA J, 2018. Systematic review and meta–analysis of a proprietary alpha-amylase inhibitor from white bean (*haseolus vulgaris* L.) on weight and fat Loss in humans[J]. Foods, 7(4):63.

VANCOUVER W, 2021. Cats and dogs might have gained the "Covid 15," but new data reveals a pet obesity epidemic existed long before quarantine[OL]. https://www.banfield.com/about–banfield/newsroom/press–releases/2021/new–data–reveals–pet–obesity–epidemic–existed–long–before–quarantine.

VAN GOETHEM B E, ROSENWELDT K W, KIRPENSTEIJN J, 2003. Monopolar versus bipolar electrocoagulation in canine laparoscopic ovariectomy: a nonrandomized prospective, clinical trial[J]. Veterinary Surgery, 32: 464–470.

VARNEY J L, FOWLER J W, MCCLAUGHRY T C, et al., 2020. L–Carnitine metabolism, protein turnover and energy expenditure in supplemented and exercised Labrador Retriever[J]. Journal of

Animal Physiology and Animal Nutrition, 104: 1540–1550.

WHITE R A S, WILLIAMS J M, 1994. Tracheal collapse in the dog—is there really a role for surgery? A survey of 100 cases[J]. The Journal of Small Animal Practice, 35: 191–196.

WU J H Y, CAHILL L E, MOZAFFARIAN D, 2013. Effect of fish oil on circulating adiponectin: a systematic review and meta-analysis of randomized controlled trials[J]. The Journal of Clinical Endocrinology & Metabolism, 98(6):2451–2459.

第六节　老年犬猫的营养与健康

一、犬猫老年阶段的界定

我们习惯用“人一年相当于犬七年”来粗略推算犬相当于人多大年龄，但由于品种及个体差异，犬猫老年状态的标准较难统一。有些行业报告为了方便统计，通常将超过 7 岁的犬猫划到老年范围内。宠物主人一般认为，巨型犬 7 岁左右、大型犬 9 岁左右、中小型犬 11 岁左右，而大多数猫在 11 岁左右步入老年阶段，但宠物医生一般认为，宠物身体机能下降，不会立刻表现出来，犬猫进入老年应在此基础上可能还需要往前推 1 ～ 2 年，宠物进入老年后，表现出老年状态，一般比上述时间往后推 2 年左右。美国动物医院协会（AAHA）2019 年发布的《犬生命阶段指南》将犬老年定义为“生命全长的最后 25% 的时间阶段”，2021 年发布的《猫生命阶段指南》和《老年猫护理指南》则将 10 岁以上的猫划分为老年猫。欧洲宠物食品行业协会（FEDIAF）则认为大型犬 5 ～ 8 岁即进入老年，而小型犬则是 10 岁左右进入老年。美国动物医院协会调查数据显示，老年犬猫数量占犬猫总数的 44%，《宠物行业蓝皮书》数据显示，日本 7 岁以上犬猫比例接近 40%，我国现阶段老年犬猫数量占 20% 左右且处于上升阶段。

二、犬猫老年状态身体机能改变

衰老是一个正常的生理变化过程，有些变化明显，如毛发颜色变淡、感官衰退、行动迟缓、睡眠周期变化等，有些变化则较为隐蔽，比如器官退化等，当适应和代偿能力下降时才会显现出来（Frey er al.，2022）。人们普遍接受衰老是自然发展的过程，是不可避免的，但是评估、检测、量化、预防和延缓犬猫衰老过程，能在一定程度上提高犬猫老年生活质量，减少犬猫主人的经济负担和心理负担。McKenzie 等（2022）提出犬老年综合征概念，指出犬老年综合征是由身体、功能、行为和代谢变化相互关联而产生犬衰老的临床表现，具体包括孱弱、生活质量下降和相关老年疾病。相关评估需专业兽医开展，得出科学预防或干预计划，从药物、饮食及其他干预措施以缓解衰老对犬猫健康状况的不利影响。

（一）感觉功能

视觉、听觉、味觉、嗅觉和触觉是动物具有的五种基本感觉，随着犬猫步入老年阶段，这五种基本感觉开始退化。Kehan 等（2023）在犬嗅觉减退和嗅觉缺失的研究中发现，与年轻犬相比，老年犬的嗅觉是呈现下降趋势的。犬猫即便慢步行走也会磕磕碰碰，撞到物品和家具，可能是视觉或触觉开始退化；对外界声响反应迟钝，如对主人呼唤应答迟疑或不应答、对开门声表现淡漠、主人靠近会惊吓到犬猫、对打开零食袋的声音无动于衷，说明犬猫的听觉开始退化；犬猫对喜欢吃的食物缺乏食欲，逐渐失去依靠气味寻找食物、主人、行走路线和地方的技能，说明犬猫嗅觉退化。犬猫寻找食物和进食的意愿与嗅觉密切相关（Khan er al.，2023），在老年阶段后期，味觉和嗅觉的急剧下降，会导致犬猫对食物丧失重要的感知能力，会直接影响其采食量，犬猫主人应积极避免因少食或不食出现犬猫营养不良和猫脂肪肝问题。

感觉系统退化，影响犬猫老年日常生活质量，有一项研究发现，感觉系统受损可使得与犬猫认知有关的行为发生变化，并提出定期筛查感官能力和进行适当训练可对衰老导致的认知退化有积极影响（Szabo et al.，2018），本节将就老年犬猫的认知和行为进行相关描述。

（二）消化系统

老年犬猫出现食欲减退、腹痛腹胀、呕吐、腹泻等情况往往提示消化系统异常。牙龈萎缩和牙齿脱落，会影响犬猫对食物的机械消化能力，导致其摄入食物的主动性和积极性降低；口腔、胃、肝脏、胰脏和肠道生理状态改变，影响消化液（如唾液、胃液、胆汁、肠液）正常分泌，肠道上皮绒毛退化和肠道微生物群落发生变化等，影响物质消化吸收。老年猫对食物中脂肪的消化能力普遍下降，但犬对脂肪的消化能力没有变化。老年犬猫肠道蠕动减慢，不会导致犬猫消化率下降，但消化道分泌酶类减少及活性降低、胆汁酸成分变化和肠道上皮萎缩等却能导致老年犬猫对营养物质的消化吸收。研究发现，约 1/3 的老年猫在 12 岁以后脂肪消化率随着年龄增加而逐渐降低，而约 1/5 的老年猫在 14 岁以后对蛋白质消化能力降低，而 8 岁以上的猫则表现出对碳水化合物消化率略有增加（Laflamme，2005）。

（三）肌肉骨骼关节系统

进入老年以后，动物的肌肉质量和力量逐渐丧失，出现肌肉萎缩（也称为少肌症或肌肉减少症），导致肌肉萎缩的原因很多，中枢神经系统衰退、肌肉收缩功能丧失、性腺类固醇减少等有直接关系，也与运动受力减少和蛋白质储备减少等因素有关，是正常衰老的一部分（Ogawa et al.，2016）。健康老年犬猫的瘦体重减少，如果机体脂肪量相应增加，宠物主人可能难以意识到犬猫已经发生肌肉萎缩。如果犬猫到了一定年龄，可参考世界小动物兽医师协会发布的肌肉状况评分，通过触压肋骨、腹部、腰胯和脊椎来判断犬猫肌肉情况。机体衰老过程中，成骨细胞数量减少而骨细胞凋亡增加且脂肪生成增加，骨骼生理发生变化（Hoffman et al.，2019），极易发生骨质疏松而导致骨折等问题，但研究发现犬骨细胞网络在犬骨骼结构稳态中发挥重要作用，即便到了老年，犬骨折风险仍然很低（Frank et al.，2002）。关节退行性病变开始于软骨，一旦开始，便缓慢发生软骨变性、坏死和溶解，发生病变的软骨逐渐被纤维组织或纤维软骨所代替，软骨表面粗糙变薄、缺损、钙化或骨化，关节功能逐渐丧失（Pignol er al.，2021），影响犬猫正常行走。20% 的成犬有骨关节炎或关节退行性疾病，猫发生骨关节炎的概率为 16.5% ～ 91%，老年犬猫发生率则更高。骨关节炎与细胞外基质蛋白多糖降解损失加快有关，另外与前列腺素 E2、白细胞 E2、炎性介质及氧化应激产物的出现也有关，这些物质均与关节炎组织损伤增加有关。研究发现老年犬较难控制自己的姿势（Vero et al.，2021），与肌肉骨骼关节的退化也存在一定关联。

（四）泌尿系统

随着犬猫进入老年，肾单位发生不可逆损失，组织学变化主要包括肾小球硬化、间质纤维化和肾小管萎缩，肾脏滤过功能下降。研究发现，13 只 7 岁以上犬中，有 7 只犬肾小球硬化，9 只犬肾小球纤维化（Heiene et al.，2007），肾小球硬化与犬老年死亡显著相关（Chase et al.，2011）；肾间质炎症和纤维化的严重程度也随着年龄的增长而增加。慢性肾病通常发生在老年犬猫上，10 岁以上 15% 的犬和 15 岁以上 33% 的猫承受老年犬猫肾脏结构和功能改变的影响，犬比猫高发，15 岁以上的犬猫中分别有 10% 和 15% 的比例被诊断为慢性肾病。国际肾病研究协会将慢性肾病分为四级，目前市面上已有针对慢性肾病不同阶段的处方粮。犬猫尿液正常 pH 值分别为 6.5 ～ 7.5 和 6.3 ～ 6.6，尿液 pH 值变化都可能导致尿路结石的形成（Yadow et al.，2020），尿路细菌感染、肾脏矿物质排泄、结石形成因子增多和抑制因子减少等因素，也能促使结石发生，老年犬猫较为常见的下尿道结石是磷酸铵镁和草酸钙结石（Pugliese et al.，2005），一般维持尿液 pH 值低于 6.5 一段时间后，就能有效改善磷酸铵镁结石，而尿液 pH 值高于 6.6（犬）、6.25（猫）一段时间后，也能有效改善草酸钙结石（Trehy，2022）。

（五）内分泌系统

机体内分泌系统由分泌器官（垂体、甲状腺、甲状旁腺、肾上腺和松果体等）、内分泌组织（胰腺的胰岛、肾小球旁复合体、睾丸的简直细胞、卵巢的黄体细胞和卵泡细胞）和内分泌细胞（心房壁、消化道激素细胞等）构成一整套体液调节系统，保障机体正常代谢活动。

老年猫常发生甲状腺功能亢进，表现出食欲旺盛、体重减轻和行为异常等，可通过听诊心动过速、触诊甲状腺和检测血液中甲状腺激素浓度进行确诊。在针对老年犬甲状腺机能的研究中发现，血清中四碘甲状腺原氨酸（T4）浓度下降，T4 抗体浓度增加，这往往与甲状腺纤维化和萎缩以及其对甲状腺激素释放激素的反应性下降有关。

老年犬肾上腺分泌皮质醇和醛固酮及下丘脑垂体肾上腺轴调节，随年龄增加发生相应变化，血清中促肾上腺皮质激素和皮质醇浓度增加，通过尿液排泄的皮质醇增加，这可能与老年犬垂体和海马体中皮质激素结合位点减少，导致其对垂体、下丘脑和海马体对皮质醇的负反馈调节的敏感性降低有关。

犬猫机体衰老，胰腺和胰岛功能衰退，胰岛素受体数量减少或胰岛素受体对血糖变化的敏感度降低，从而出现血糖不耐受和糖尿病风险，一旦出现这些情况，则需要通过限饲和控制体重来抵御疾病恶化的风险。

（六）认知障碍及行为变化

犬猫认知功能障碍综合征是老年犬猫的进行性神经退化性疾病，不可避免地出现生理、精神和行为上的退行，表现为行为改变、学习和记忆受损、对外界刺激意识减弱和思维混乱。认知障碍会严重影响犬猫福利和人宠关系，最终可能导致宠物寿命缩短。临床上可能表现出的一种甚至多种症状，通常归纳为定向障碍、社交互动改变、睡眠觉醒周期改变、学习行为丧失、运动量变化、焦虑行为增加，这些变化往往也伴随着犬猫自身卫生情况、食欲和对刺激反应的改变。一项研究筛选出无器质性病变导致行为改变的 180 只 11 ～ 16 岁绝育去势犬，将犬定向、社交、家庭训练和作息周期异常纳入考量认知的指标，发现 11 ～ 12 岁的犬中，有 28% 的犬有 1 项认知指标异常，10% 的犬有 2 项认知指标异常；而 15 ～ 16 岁犬中，68% 的犬有 1 项认知指标异常，35% 的犬有 2 项认知指标异常（Neilson et al.，2001），犬认知退化的指标远远多过该研究中所列出的这 4 项，可以推断出老年犬认知障碍的占比远高于这一比例。

人类医学研究认为 β 淀粉样蛋白具有神经毒性并导致神经元功能受损、突触退化、细胞死亡和神经递质耗竭，与痴呆症的发展密切相关。与人相比，发生认知障碍的犬大脑中出现 tau 蛋白过度磷酸化，从而导致形成淀粉样蛋白，却不会出现神经纤维缠结，犬会表现出与人认知障碍患者相似的症状（Pugliese et al.，2006）；猫也能产生不同的 tau 蛋白异构体，与患有认知障碍的人大脑中 tau 蛋白结构相似（Chambers et al.，2015），但尚无研究发现老年猫脑中有神经原纤维缠结，但免疫染色发现过度磷酸化的 tau 蛋白是神经原纤维缠结早期阶段（Gunnmoore et al.，2006），猫与犬类似，发生认知障碍时，大脑中有过度磷酸化的 tau 蛋白和 β 淀粉样蛋白，未发现形成神经纤维缠结。

随着认知功能障碍的进一步发展，便会出现各种行为问题。Landsberg 等（2010）归纳了几家宠物医院的统计数据，发现猫进入老年后常见的行为变化包括易怒有攻击行为、频繁出声、烦躁不安、过度理毛、随地排泄、不辨方位、漫无目的游荡、胆小躲藏、黏人等；犬进入老年后（9 岁以后）常见的行为变化则包括分离焦虑、毁坏物品、有攻击性、随地排泄、口鼻异响、畏惧、少眠焦虑、重复刻板行为等（Landsberg et al.，1995）。

（七）呼吸系统、心血管系统、被皮系统等

随着犬猫年龄增长，肺弹性、呼吸肌强度和肺壁顺应性降低，犬肺泡增大并融合，导致肺弹性降低，气体交换面积减少，通气减少且对缺氧的反应也相应减少，但这种正常衰老而无相关肺部疾病影响，老年犬猫的呼吸系统依然能够通过代偿保证充足的气体交换。

机体衰老与心脏和血管结构功能老化相关，氧化应激与炎症反应增加是促进动物机体心血管老化的根本原因，因此老年犬猫心血管疾病的发病率和死亡率更高。人类心血管疾病主要是高血压和冠状动脉疾病，而犬则主要是扩张性心肌病等，猫主要是肥厚型心肌病与系统性高血压等，对于老年犬猫，血管增厚、主动脉和部分外周动脉的内膜出现钙沉积，会导致心脏负荷增加，最终出现充血性心力衰竭。

表皮和真皮细胞萎缩，皮肤中蛋白质流失和皮脂腺退化，皮肤失去弹性和缺少皮脂而出现过度角质化问题，被毛也变得干燥和粗糙失去光泽，毛囊也随之发生萎缩，黑色素细胞和酪氨酸酶活性降低，导致脱毛和毛色变浅，非白色被毛的老年犬通常在口鼻周围和面部出现白色毛发，犬皮肤肿瘤常发在 10 ～ 15 岁阶段。

三、老年犬猫营养管理

（一）常规营养成分

1. 能量

目前针对老年犬能量需要量的研究认为老年犬维持能量需要是成犬的 18% ～ 25%，品种和老年阶段不同，这一数值不同；而对于猫，有研究发现 2 ～ 17 岁的猫从 11 岁开始，维持需要能量每年下降 3%，但按照单位体重计算，约在 12 岁以后有所增加，且 13 岁以后增幅最大（Laflamme，2005；Groves，2019）。如果犬猫能量需求减少，应相应减少提供的能量，避免因能量摄入过多导致健康风险。犬猫维持能量需要与其瘦体重有关，随着年龄增长，机体肌肉量下降，瘦体重随之下降，但身体脂肪可能相应增加，体重不变的情况下，维持能量需要下降。

2. 蛋白质

犬猫开始衰老，不能简单去限制蛋白质的摄入量，犬猫患有肾脏疾病等才需要考虑限制蛋白质摄入，与年轻犬猫相比，老年犬猫蛋白质摄入不足危害更大。当日粮中蛋白质摄入不足时，机体将利用肌肉中的蛋白质，加速肌肉损耗，一只健康成犬每千克体重需蛋白质 2.55 g，而猫每千克体重需要蛋白质为 5 g，老年犬猫对蛋白质的需要量可能超出该数值的 50%。对于健康老年犬猫，不需要限制蛋白质摄入量（Groves，2019）。

对于慢性肾病犬猫，如果肾可代偿实现功能正常且血尿氮值正常的情况下，不需要进行特殊的营养调整。血尿氮值过低但未发生尿毒症的犬猫，则需要限制蛋白质摄入，犬一般为每天 2.5 ～ 4 g/kg，猫一般至少为每天 5.0 g/kg；尿氮值过高的尿毒症犬猫，也要限制蛋白质摄入量，犬一般每天不超过 1.3 ～ 2.5 g/kg，猫每天不超过 3.5 ～ 4.5 g/kg（Pugliese et al.，2005）。也可将犬猫粮中的动物蛋白调整为植物蛋白，并添加碳酸钙、柠檬酸钾或碳酸氢钠等弱酸强碱盐，来增加食物碱性，缓冲代谢性酸中毒。老年犬猫肾脏功能处于临界点时，应严格减少蛋白摄入，从而减少蛋白质代谢产物对肾脏的负担，但减少非必要蛋白质营养的摄入并非要求日粮负氮平衡，如果蛋白质摄入无法满足机体营养需要，会导致肌肉蛋白质损失和不良健康状况（Larsen et al.，2014）。这里再次强调，对于健康老年犬猫，不需要限制蛋白质摄入量。

（1）水母蛋白

水母蛋白是一种钙结合蛋白，常用作钙指示剂，研究发现，该蛋白能有改善老年比格犬辨别学习和集中注意力的能力，且该蛋白对老年犬认知的改善作用优于药物治疗认知障碍功能的效果（Milgram et al.，2015）。

（2）L– 精氨酸

L– 精氨酸在神经元中可代谢形成一氧化氮，可调节血管扩张、免疫应答、神经交联和抗氧化酶表达，在改善认知衰退中，可使得大脑有丰富的血流量、活跃的代谢活动从而使大脑获得更多氧气；另外 L– 精氨酸代谢产生的胍丁胺，是一种参与学习和记忆过程的调节剂。因此对于老年犬猫，L– 精氨酸含量在满足营养需求的同时，可在日粮中适当增加含量，以改善老年犬猫老年认知能力衰退问题（Pan et al.，2018）。

（3）左旋肉碱

左旋肉碱（L– 肉碱）是脂肪转运蛋白，可以促进脂肪酸进入线粒体进行 β 氧化，是一种促使脂肪转化为能量的类氨基酸。喂给体重超重的猫较低水平左旋肉碱（100 mg/kg），能增加猫餐后及休息期间能量消耗，从而实现减轻体重，并降低肝脂沉积风险（Shoveller et al.，2014）；老年犬摄入左旋肉碱和 α – 硫辛酸后认知能力得到改善（Milgram et al.，2007）。

（4）支链氨基酸

支链氨基酸（缬氨酸、亮氨酸、异亮氨酸）能改善运动员认知能力，在老年犬摄入支链氨基酸后，在试验中出错的概率降低，说明支链氨基酸能改善老年犬的认知能力（Fretwell et al.，2006）。

3. 脂肪

犬进入老年后，如果对脂肪的消化能力保持相对较好，而维持能量需要下降，那么犬极易囤积脂肪，或老年犬易患消化道炎症，这些情况下老年犬的日粮中脂肪含量应减少，但如果老年犬有恶病质，或因感觉退化而无法摄入足够食物，这时日粮中增加优质脂肪含量是有益的。与犬不同，猫从脂肪中获取较多能量和营养，进入老年后，会出现脂肪消化率下降的情况，研究发现，10% ～ 15% 的 8 ～ 12 岁猫和 30% 的 12 岁以上猫存在消化能力显著下降，因此可为老年犬提供含有优质的消化率高的脂肪成分的日粮。脂肪作为脂溶性维生素的载体，如果脂肪摄入量过低，也会影响老年犬猫对脂溶性维生素的摄入和吸收。对于患有高脂血症、胰腺炎和淋巴管扩张症等疾病的犬猫，需要限制日粮中脂肪含量，总热量中脂肪提供的热量不超过 20%，降低脂肪总量仍需要保证必需脂肪酸的摄入要求，由必需脂肪酸来提供日粮中主要脂肪。

（1）多不饱和脂肪酸

脂肪除了作为营养物质，维持机体基本能量需求，还具有功能性作用，犬摄入高脂肪和多不饱和脂肪酸饮食，其皮肤状态、被毛光泽度和柔软度有显著改善，被毛评分显著较高，这可能与毛皮表面沉积的胆固醇增加有关（Kirby et al.，2009）；另外，高胆固醇和高甘油三酯血症也会导致肾小球硬化，因此对于肾脏功能不佳的老年犬猫，日粮中应添加多不饱和脂肪酸（鱼油等）来降低血浆中脂质含量，可有效改善肾小球内压，保护肾脏结构和功能。

（2）n–3 脂肪酸

许多疾病具有炎症性质，老年犬猫机体也不可避免会发生炎性反应，n–3 脂肪酸，在控制机体炎性反应方面具有重要作用（Calder，2010），是老年犬猫日粮中重要的优质脂肪酸成分。高脂肪日粮、胆固醇和花生四烯酸及其代谢产物前列腺素都与促进阿尔兹海默病发生发展有一定关系，而 n–3 脂肪酸（坚果和鱼油中富含该脂肪酸），特别是二十二碳六烯酸（DHA），在保护神经和抗炎中发挥重要作用，可利用其发挥预防阿尔兹海默病的作用（Cole et al.，2014）。研究将 DHA 喂给老年比格犬，可改善其视觉和提高可变对比的辨别能力（Hadley et al.，2017），DHA 可用作老年犬健脑的营养成分。研究还发现，补充 n–3 脂肪酸，能抑制前列腺素和炎性因子产生，能减缓软骨细胞代谢降解和炎性反应强度，这对抑制关节退行性病变和维持关节健康具有重要作用（Curtis et al.，2008）。有研究发现 n–3 脂肪酸对心脏具有保护作用，认为高剂量的二十碳五烯酸（EPA）在减少动脉粥样硬化性心血管疾病中有积极作用（Jia et al.，2019），但也有研究认为补充 n–3 脂肪酸并未降低心脏疾病发生率（Manson et al.，2019）。没有绝对有益的物质，n–3 脂肪酸对犬猫可能还存在副作用，包括改变血小板功能和免疫功能、对胃肠道有副作用、不利于伤口愈合、脂质过氧化、氧化毒性、营养过剩（体重增加）、影响血糖控制和胰岛素敏感性等（Lenox et al.，2013），在实际应用中应客观对待。

（3）酮体和中链甘油三酯

葡萄糖是大脑的能量来源，酮体（Nugent et al.，2016）和中链脂肪酸（Augustin et al.，2018）能够替代部分脂肪酸为大脑供能，当体内葡萄糖不足以供大脑使用时或者大脑因为衰老对葡萄糖代谢下降（Cunnane et al.，2016）时，酮体能够穿越大脑屏障为大脑供能。与长链甘油三酯相比，中链甘油三酯能快速在消化道内被水解成中链脂肪酸，其中大多数中链脂肪酸能够通过胃肠壁直接被吸收，在肝脏中被快速氧化产生较多酮体，与病理性酮体不同，正常消化代谢产生的酮体对机体并无毒副作用（Mullins et al.，2011）。研究发现，长期补充甘油三酯能够改善老年犬的认知能力，且甘油三酯能增加血液中酮体（脂肪酸代谢产物、乙酰乙酸盐、β－羟基丁酸和丙酮）浓度，可为老年犬大脑提供糖以外的替代能源（Pan et al.，2010）。生理性酮体与中链脂肪酸，除供能外，还具有抗氧化、减少细胞凋亡、降低炎性物质浓度、降低 β 淀粉样蛋白浓度和毒性、增加保护性神经因子浓度、减少谷氨酰胺能传递和优化老年犬猫肠道微生物结构等作用（Ota et al.，2019），这与神经退行性变和认知能力下降密切相关，中链脂肪酸和酮体为从营养角度干预犬猫老年认知衰退提供可能性，是提高犬猫老年生活质量的重要营养成分（May er al.，2019）。

4. 碳水化合物

碳水化合物主要用于提供能量、节约蛋白、提供组织结构和生物活性物质，主要有糖、淀粉和纤维。犬猫可消化利用食物中的糖和淀粉，淀粉在宠物膨化粮加工工艺中发挥着重要作用，纤维中的可发酵纤维为肠道微生物提供营养和能量，不可发酵纤维则主要吸水膨胀促进肠道蠕动。纤维可作为益生元的优质碳水化合物能够有效改善老年犬肠道健康，如提高粪便评分、微生物代谢产物组成以及微生物群落构成等，常见的优质碳水化合物有低聚糖类（低聚果糖、菊粉等）、多糖类和微藻类等。老年犬猫粮在减少热量的同时可增加纤维含量，以进一步降低日粮中的能量密度，对于能量需求减少的老年犬猫，可有效控制能量摄入量，避免因能量过量导致的健康风险，如肥胖、关节炎、糖尿病和心血管疾病等。

5. 维生素

（1）维生素 B

维生素 B 是 B 族维生素的总称，包括维生素 B_1（硫胺素）、维生素 B_2（核黄素）、维生素 B_3（烟酸）、维生素 B_5（泛酸）、维生素 B_6（吡哆素）、维生素 B_7（生物素，维生素 H）、维生素 B_9（叶酸、维生素 M）、维生素 B_{12}（钴胺素）等。其中维生素 B_1、维生素 B_6、维生素 B_9 和维生素 B_{12} 对神经发育和认知功能改善有重要作用，B 族维生素的缺乏可能导致血液中同型半胱氨酸浓度过高，同型半胱氨酸能导致人大脑萎缩、认知障碍和痴呆等问题，有效摄入 B 族维生素能抑制同型半胱氨酸浓度（Kennedy et al.，2016；Smith et al.，2016），改善老年犬猫认知退化等问题。老年猫维生素 B_{12} 缺乏，会导致脂肪的消化率下降（Salas et al.，2014）。

（2）维生素 C

维生素 C 具有抗氧化作用，能保护机体在阿尔茨海默病中的氧化损伤，以及正常衰老过程中认知能力下降，但一般不需要在正常日粮基础上进行补充，仅需要注意不要出现维生素 C 缺乏，就能对衰老过程中认知能力下降和阿尔茨海默病发生具有一定预防作用。

（3）维生素 D

维生素 D 是维持钙稳态的主要因素，如果机体钙摄入能满足机体需求，但仍发生钙平衡紊乱，那么可以推定机体维生素 D 缺乏。随着年龄增长，维生素 D 不足时，极易发生钙平衡紊乱（Veldurthy et al.，2016）。

（4）维生素 E

维生素 E 在整个生命周期中起着重要作用，其抗氧化功能能保护细胞免受自由基造成的不可逆损伤，对应对氧化应激引起的细胞损伤极为重要，有助于对抗老年期易发的癌症、心脏病和眼部损伤等，也有助于预防认知障碍。

（5）维生素 K

维生素 K 在抗衰老中，一方面具有抗增殖、促凋亡和自噬，降低癌症风险，提高胰岛素敏感性，降低糖尿病风险的作用；另一方面，可作为抗衰老蛋白的辅助因子发挥作用，如维生素 K 羧化骨钙素（骨骼中转运和固定钙的蛋白质）能激活基质 Gla 蛋白（抑制血管钙化和心血管疾病发生），羧化 Gas6 蛋白以抑制认知能力下降和神经退行性疾病，因此维生素 K 在预防老年疾病和提高老年疾病治疗效果方面具有重要作用（Rusu，2020）。

6. 矿物元素

（1）钙、磷

磷与钙共同构成骨骼的矿化结构，在保持骨骼强度和稳定性方面起重要作用。对于患有慢性肾病的老年犬猫，如果出现血尿氮值过低或过高的情况，还需要降低磷的摄入，以减少肾脏中磷滞留，因肾脏滤过率降低，可能会导致钾元素和钙元素流失过多，应注意控制犬猫低钾血症和低钙血症（Martorelli et al.，2017）。

（2）钠、钾

对于肾脏滤过功能降低或患有高血压的犬猫，应控制其日粮中钠的摄入。一般情况下可以通过在日粮中添加氯化钠来促进犬猫摄入较多水来稀释尿液，但对于老年犬猫，应尽量降低氯化钠的摄入。一项研究发现，犬猫日粮中添加氯化钾同样能促进犬猫增加饮水量，从而稀释尿液。另外，氯化钾能有效降低草酸钙沉积，抑制尿路中草酸钙结石形成（Bijsmans et al.，2021）。

（3）镁

对于尿路有磷酸铵镁尿结石的犬猫，应首先排查是否存在尿路细菌感染的可能性，如果并非感染导致，就及时限制日粮磷和镁的摄入，并尽量酸化饮食，抑制磷酸铵镁结石的形成，而尿路有草酸钙结石的犬猫，应注意非酸化饮食摄入，限制草酸和钙摄入（Trehy，2022）。

7. 水

老年犬猫如果有尿路结石问题，增加水摄入可稀释尿液增加尿量，能在一定程度上缓解尿路中结石形成（Trehy，2022）。对于肾功能衰退的老年犬猫，水重吸收减少，脱水风险增加，因此应注意其水摄入量，可通过提供湿粮和提供便利的饮水条件（可随时新鲜饮水、抬高水盆高度等）来促进老年犬猫摄入足够的水分。对于患有严重牙病或牙齿研磨食物能力较差的老年犬猫，提供湿粮或浸泡过水易于吞咽食物来提高食物的适口性，能促进犬猫摄入充足的营养物质。

（二）功能性营养成分

1. 葡萄糖胺和硫酸软骨素

骨关节炎这一关节退行性疾病的发生，与软骨细胞合成葡萄糖胺减少有关，因此补充葡萄糖胺能在一定程度上缓解关节损伤，在犬猫关节试验中，常将葡萄糖胺与硫酸软骨素联合应用，来减少炎症发生和缓解软骨病变以减轻病患痛苦，也有将葡萄糖胺、硫酸软骨素、n–3 脂肪酸和青边贻贝提取物联合应用，来预防和改善老年犬猫关节退行性病变（Beynen，2015）。

2. 抗氧化物

氧化应激是指体内氧化与抗氧化作用失衡的一种状态，倾向于氧化，导致炎性细胞浸润，蛋白酶分泌增加，产生大量氧化中间产物，被认为是导致衰老和疾病的一个重要因素，是机体退行性疾病发生的重要因素。因此老年犬猫抗氧化物使用，能在一定程度上缓解衰老对犬猫老年状态的消极影响。前文提到的维生素 C 和维生素 E 是犬猫日粮中较为常见的抗氧化剂。

类胡萝卜素（α 胡萝卜素、β 胡萝卜素、番茄红素、叶黄素、玉米黄质和隐黄质等）是强效抗氧化剂，能防止自由基形成，降低机体炎症反应强度，有很强的抗肿瘤作用，另外作为光感物质能促进皮肤生成黑色素，使体表免受紫外线损伤，其中 α 胡萝卜素和 β 胡萝卜素也是合成维生素 A 的前体物，能维持皮肤黏膜层健康，防止皮肤干燥粗糙，也能构成视觉细胞内的感光物质，改善动物视力。类胡萝卜素主要存在于蔬菜水果中，是犬猫较少摄入的食物，老年犬猫可适当补充，以预防与衰老相关的疾病的发生和发展，降低因衰老而出现的慢性疾病对机体的损伤。

3. 植物提取物

富含黄酮类化合物的植物原料，除了具备抗氧化特性外，还能有效放松平滑肌，增加肾单位滤过率，还能作用于血管紧张素转换酶和/或刺激产生内源性一氧化氮，从而阻断血管收缩，舒张血管，最终提高肾小球滤过率（Jouad et al.，2001），或通过降低氧化损伤，抑制炎症反应和纤维化水平，增加生长因子表达，来改善肾脏功能（Li et al.，2017）。植物黄酮类能够通过降低血压和直接作用于肾实质来减轻动脉高压对肾损伤的影响。植物成分中的黄酮类成分对肾癌细胞具有抗肿瘤活性，对正常细胞却没有毒性作用，黄酮类物质对患有肾脏癌症的犬猫具有潜在治疗作用（Vargas et al.，2018）。神经退行性疾病通常是指神经元选择性丧失的疾病，有几种合成化合物是能够缓解神经退行性疾病的进一步恶化，但是也会引起一些健康问题，然而，研究发现植物来源和其他来源的天然物质可以取代现代合成的化合物，为机体提供更好、更为安全的替代品。生物碱便是其中重要的一类天成物质，例如，通过增加 γ－氨基丁酸的水平（Cushnie et al.，2014）或作为N－甲基－D－天冬氨酸拮抗剂（Cortes et al.，2015）来抑制乙酰胆碱酯酶的活性（Abhijit，2017），从而减弱神经退行性疾病的发展。在现代人类医学中，生物碱具有多种药理作用，包括镇痛、抗菌、抗高血压、抗癌和抗心律失常等，生物碱可增加脑血流量、提高自噬功能、调节 γ－氨基丁酸能神经递质和N－甲基－D－天冬氨酸受体，抑制乙酰胆碱酯酶活性，降低单胺氧化酶B和儿茶酚－O－甲基转移酶活性，增加脑源性神经营养因子含量和/或抑制神经毒性炎症介质等来抑制神经元凋亡后的神经退行性病变，因此在诸多疾病中发挥诸多神经保护作用，如癫痫、心理障碍、脑缺血、痴呆、记忆障碍、抑郁、焦虑、精神分裂、亨廷顿病、阿尔茨海默病、帕金森病和中风等（Hussain et al.，2018）。常见的抑制神经元退行性疾病阿尔兹海默病的生物碱有黄连素、猪毛菜碱、雪花莲胺碱、夹竹桃碱、毒扁豆碱、胡椒碱、山梗菜碱、咖啡因、石杉碱甲、肉叶云香碱，缓解帕金森症的生物碱有黄连素、毒扁豆碱、山梗菜碱、咖啡因等。

4. 黏胶乳香树籽油

黏胶乳香树籽油中含有的抗氧化成分，能够抑制 7－β－羟基胆固醇诱导小鼠产生的老年早衰病，可用于预防因衰老导致的疾病，如少肌症，减缓因年老导致的骨骼肌功能的衰退，目前尚无犬猫方面的研究报道（Rusu，2022）。

5. 银杏提取物

银杏是具有药用价值的植物，其抗氧化和抗炎活性，已经在治疗心血管疾病和Ⅱ型糖尿病中广泛应用，其提取物能改善大脑血流供应，对改善记忆（Araujo et al.，2008）和认知以及治疗帕金森病和痴呆症有一定治疗效果，银杏提取物在预防和治疗衰老相关的疾病上仍有很大应用潜力。

（三）其他措施

从营养学角度应对犬猫衰老，除了前文提到的关于常规营养物质的调整和功能性营养物质的应用，营养管理也必不可少。可通过改变老年犬猫粮的适口性来促进犬猫摄入足够营养，通过少食多餐，避免老年犬猫肥胖问题，以及通过调整水盆高度，方便有关节肌肉问题的犬猫摄入水分。

犬猫衰老是正常的生理过程，只是这个过程中疾病发生率和死亡率会相对较高。在犬猫变老之前，从营养角度采取干预措施去延缓衰老和减轻衰老对犬猫老年生活的消极影响，能最大程度上去延长犬猫寿命并提高其生活质量。

参考文献

AAHA, 2019. AAHA Canine life stage guidelines[J]. Journal of the American animal hospital association, 55:267–290.

AAHA/AAFP, 2021. AAHA/AAFP Canine life stage guidelines[J]. Journal of the American Animal Hospital Association, 57:51–72.

ABHIJIT D, MUKHERJEE A, 2017. Plant–derived alkaloids: a promising window for neuroprotective drug discovery. In: Discovery and development of neuroprotective agents from natural products [M]. Goutam Brahmachari: Springer, 237–320.

ARAUJO J, LANDSBERG G, MILGRAM N, et al., 2008. Improvement of short–term memory performance in aged beagles by a nutraceutical supplement containing phosphatidylserine, ginkgo biloba, vitamin E, and pyridoxine [J]. Canadian Veterinary Journal, 49(4): 379–385.

AUGUSTIN K, KHABBUSH A, WILLIAMS S, et al., 2018. Mechanisms of action for the medium–chain rriglyceride ketogenic diet in neurological and metabolic disorders [J]. Lancet Neurology, 17(1): 84–93.

BEYNEN A, 2015. Glucosamine and chondroitin in mobility food for dogs [J]. Creature Companion,12: 52–53.

BIJSMANS E, QUEAU Y, BIOURGE V, 2021. Increasing dietary potassium chloride promotes urine dilution and decreases calcium oxalate relative supersaturation in healthy dogs and cats [J]. Animal, 11:1809.

CALDER P, 2010. n–3 fatty acids and inflammatory processes [J]. Nutrition, 2(3):355–374.

CHAMBERS J, TOKUDA T, UCHIDA K, et al., 2015. The domestic cat as a natural animal model of alzheimer’s disease [J]. Acta Neuropathologica Communications, 3: Article 78.

CHASE K, LAWLER D, MCGILL L, et al., 2011. Age relationships of postmortem observations in portuguese water dogs [J]. Age, 33:461–473.

COLE G, MA L, FRAUTSCHY S, 2014. Dietary fatty acids and the aging brain[J]. Nutrition Reviews, 68(2):102–111.

CORTES N, POSADA–DUQUE R, ALVAREZ R, et al., 2015. Neuroprotective activity and acetylcholinesterase inhibition of five amaryllidaceae species: a comparative study [J]. Life Science, 122: 42–50.

CUNNANE S, COURCHESNE–LOYER A, ST–PIERRE V, et al., 2016. Can ketones compensate for deteriorating brain glucose uptake during aging? Implications for the risk and treatment of Alzheimer's disease [J]. Annals of the New York Academy of Sciences, 1367(1): 12–20.

CURTIS C, REES S, CRAMP J, 2008. Effects of n–3 fatty acids on cartilage metabolism [J]. Proceedings of the Nutrition Society, 61(3):434.

CUSHNIE T, CUSHINIE B, LAMB J, 2014. Alkaloids: an overview of their antibacterial, antibiotic–enhancing and antivirulence activities [J]. International Journal of Antimicrobial Agents, 44(5):377–386.

FRANK J, RYAN M, KALSCHEUR V, et al., 2002. Aging and accumulation of microdamage in canine bone[J]. Bone, 30:201–220.

FRETWELL K, MCCUNE S, FONE V, et al., 2006. The effect of supplementation with branched–chain amino acids on cognitive function in active dogs [J]. Journal of Nutrition,136: S 2069–S 2071.

FREY C, CARR B, LENFEST M, et al., 2022. Canine geriatric rehabilitation: considerations and strategies for assessment, functional scoring, and follow up[J]. Frontiers in Veterinary Science, 9: 842458.

GROVES E, 2019. Nutrition in senior cats and dogs: how does the diet need to change, when and why? [J]. Nutrition, 24(2): 91–101.

GUNNMOORE D, MCVEE J, BRADSHAW J, et al., 2006. Ageing changes in cat brains demonstrated by β –amyloid and AT8–immunoreactive phosphorylated tau deposits [J]. Journal of Feline Medicine and Surgery, 8(4):234–242.

HADLEY K B, BAUER J, MILGRAM W, 2017. The oil–rich alga schizochytrium sp. as a dietary source of docosahexaenoic acid improves shape discrimination learning associated with visual processing in a canine model of senescence [J]. Prostaglandings Leukotrotrienes and Essential Fatty acids, 118: 10–18.

HEIENE R, KRISTIANSEN V, TEIGE J, et al.,2007. Renal histomorphology in dogs with pyometra and control dogs, and long term clinical outcome with respect to signs of kidney disease[J]. Acta Veterinaria Scandinavica, 49: 13.

HOFFMAN C, HAN J, CALVI L, 2019. Impact of aging on bone, marrow and their interactions [J]. Bone,119:1–7.

HUSSAIN G, RASUL A, ANWAR H, et al., 2018. Role of plant derived alkaloids and their mechanism in neurodegenerative disorders [J]. Internaitonal Journal of Biological Sciences, 14(3): 341–357.

JIA X, KOHLI P, VIRANI S, 2019. n–3 fatty acid and cardiovascular outcomes: insights from recent clinical trials[J]. Current Atherosclerosis Reports, 21: Article 1.

JOUAD H, LACAILLE–DOUBOIS M, LYOUSSI B, et al., 2001. Effect of the flavonoids extracted from *Spergularia purpurea* Pers. on arterial blood pressure and renal function in normal and hypertensive rats [J]. Journal of Ethnobiology, 76: 159–163.

KENNEDAY D, 2016. B Vitamins and the brain: mechanisms, dose and efficacy– a review [J]. Nutrition, 8(2):68.

KHAN M, MONDINO A, RUSSEL K et al., 2023. A novel task of canine olfaction for use in adult and senior pet dogs [J]. Scientific Reports, 13: Article 2224.

KIRBY N, HESTER S, REES C, et al., 2009. Skin surface lipids and skin and hair coat condition in dogs fed increased total fat diets containing polyunsaturated fatty acids [J]. Journal of Animal Physiology and Animal Nutrition, 93(4):501–511.

LAFLAMME P, 2005. Nutrition for aging cats and dogs and the importance of body condition [J]. Veterinary Clinics of North America– Small Animal Practice, 35(3): 713–742.

LANDSBERG G, DENEBERG S, ARAUJO A, 2010. Cognitive dysfunction in cats [J]. Journal of Feline Medicine and Surgery, 12(11): 837–848.

LANDSBERG G, 1995. The most common behavior problems in older dogs[J]. Veterinary Medicine, 90:16.

LARSEN J, FARCAS A, 2014. Nutrition of aging dogs [J]. Veterinary Clinics of North America–Small Animal Practice, 44(4):741–759.

LENOX C, BAURE J, 2013. Potential adverse effects of n–3 fatty acids in dogs and cats [J]. Journal of Veterinary Internal Medicine, 27(2):217–226.

LI W, WANG L, CHU X, et al., 2017. Icariin combined with human umbilical cord mesenchymal stem cells significantly improve the impaired kidney function in chronic renal failure [J]. Molecular and Cellular Biochemistry, 428(1–2):203–212.

MANSON J, COOK N, LEE I, et al., 2019. Marine n–3 fatty acids and prevention of cardiovascular disease and cancer [J]. The New England Journal of Medicine, 380(1):23–32.

MARTORELLI C, KOGIKA M, CHACAR F, et al., Urinary fractional excretion of phosphorus in dogs with spontaneous chronic kidney disease[J]. Veterinary Science, 4(4):67.

MAY K, LAFLAMME D, 2019. Nutrition and the aging brain of dogs and cats [J]. Journal of the American Veterinary Medical Association, 255(11): 1246–1254.

MCKENZIE B, CHEN F, GRUEN M, et al., 2022. Canine geriatric syndrome: a framework for advancing research in veterinary geroscience [J]. Frontiers in Veterinary Science, 9: Article 853743.

MILGRAM N, ARAUJO J, HAGEN T, et al., 2007.Acetyl-l-carnitine and α -lipoic acid supplementation of aged beagle dogs improves learning in two landmark discrimination tests[J]. FASEB Journal, 21:3756–3762.

MILGRAM N, LANDXBERG G, MERRICK D, et al., 2015. A novel mechanism for cognitive enhancement in aged dogs with the use of a calcium-buffering protein [J]. Journal of Veterinary Behavior, 10(3): 217–222.

MULLINS G, HALLAM L, BROOM I, et al., 2011. Ketosis, ketoacidosis and very-low-calorie diets: putting the record straight [J]. Nutrition Bulletin, 36(3):397–402.

NEILSON J, HART B, CLIFF K, et al., 2001. Prevalence of behavioral changes associated with age-related cognitive impairment in dogs [J]. Journal of the American Veterinary Medical Association, 218: 1787–1791.

NUGENT S, COURCHESNE-LOYER A, ST-PIERRE V, et al., 2016. Ketones and brain development: implications for correcting deteriorating brain glucose metabolism during aging [J]. Oilseeds and Fats Crops and Lipids, 23:110.

OGAWA S, YAKABE M, AKISHITA M, 2016. Age-related sarcopenia and its pathophysiological bases [J]. Inflammation Regeneration, 36: 17.

OTA M, MATSUO J, ISHIDA I, et al., 2019. Effects of a medium-chain triglyceride-based ketogenic formula on cognitive function in patients with mild-to-moderate Alzheimer's disease [J]. Neuroscience Letters, 690: 232–236.

PAN Y, KENNEDYD, JOENSSONJ, et al., 2018. Cognitive enhancement in old dogs from dietary supplementation with a nutrient blend containing arginine, antioxidants, B vitamins and fish oil [J]. British Journal of Nutrition, 119: 349–358.

PAN Y, LARSON B, ARAUJO J A, et al., 2010. Dietary supplementation with medium-chain TAG has long-lasting cognition-enhancing effects in aged dogs [J]. British Journal of Nutrition, 103(2): 1746–1754.

PIGNOLO R, LAW S, CHANDRA A, 2021. Bone aging, cellular senescence, and osteoporosis [J]. JBMR Plus, 5(3): e10488.

PUGLIESE A, GRUPPILLO A, DI PIETRO S, 2005.Clinical nutrition in gerontology: chronic renal disorders of the dog and cat [J]. Veterinary Research Communications, 29(S2):57–63.

PUGLIESE M, MASCORT J, MAHY N, et al., 2006. Diffuse beta-amyloid plaques and hyperphosphorylated tau are unrelated processes in aged dogs with behavioral deficits [J]. Acta Neuropathology, 112: 175–183.

RUSU M, FIZESAN I, VLASE L, et al., 2022. Antioxidants in age-related diseases and anti-aging strategies [J]. Antioxidants, 11(10):1868.

SALAS A, MANUELIAN C, GARGANTE M, et al., 2014. Fat digestibility is reduced in old cat with subnormal cobalamin concentrations [J]. Journal of Nutrition Science, 3: e62.

SHOVELLER A, MINIKHIEM D, CARNAGEY K, 2014. Low level of supplemental dietary L-carnitine increases energy expenditure in overweight, but not Lean, cats fed a moderate energy density diet to maintain body weight [J]. International Journal of Applied Research in Veterinary Medicine, 12: 33–43.

SMITH A, REFSUM H, 2016. Homocysteine, B vitamins, and congnitive impairment [J]. Annual Review of Nutrition, 36: 211–239.

SZABO D, MIKLOSI A, KUBINYI E, 2018. Owner reported sensory impairments affect behavioural signs associated with cognitive decline in dogs [J]. Behavioral Proccesses, 157: 354–360.

TREHY M, 2022. Nutritional management of urolithiasis in dogs and cats [J]. Clinical Practice, 7: 316–327.

VARGAS F, ROMECIN P, GARCIA-GUILLEN A, et al., 2018. Flavonoids in kidney health and disease [J]. Frontiers in Physiology, 9: 394.

VELDURTHY V, WEI R, OZ L, et al., 2016. Vitamin D, calcium homeostasis and aging [J].Bone Research, 4: 16041.

VERO A, WAGNER G, LOBATON E, 2021. Age-related changes in posture steadiness in the companion dog [J]. Innovation in Aging, 5(S1): 959.

YADAV S, AHMED N, NATH A, et al., 2020. Urinalysis in dog and cat: a review [J]. Veterinary World, 13(10):2133–2141.

第三章

中国农业科学院饲料研究所宠物营养与食品创新团队研究进展

第一节　基础研究进展

一、猫源乳酸菌对高脂饮食诱导下小鼠肥胖发生率的影响

目前市场上的猫用益生菌制剂种类繁多，效果不一，缺乏明确的能够提升猫体质的猫源益生菌菌株。此外，虽然猫源益生菌产品种类丰富，但是其中添加的益生菌种类却非常局限，种类单一，使用效果不稳定，有些甚至直接使用人用或畜禽用益生菌制剂。但猫与其他动物以及人类的肠道微生物群组成有差异，并且其优势菌群也有差异，导致此类益生菌在猫上应用效果并不好，研究猫专用益生菌制剂是很有必要的。目前针对猫源益生菌的研究还很局限，发现的猫源益生菌的种类也较稀少。进行更深入的研究，对发现更多的潜在猫源益生菌，提升猫生活质量，更好地改善猫用益生菌市场现状有极大帮助。

目前，对于猫肥胖的改善方法主要是给猫饲喂能量限制的日粮，但因猫固有采食行为难以改变，以及宠物零食的摄入，导致减重效果多不明显，甚至加速了各类营养代谢病的发生。研究表明，肠道微生物发生改变可能会是导致肥胖的原因之一，通过饮食介导微生物变化能够在一定程度上改善猫的肥胖情况。植物乳杆菌作为一类益生菌，大量研究表明其可通过作用于体内脂质代谢通路，从而改善肥胖症状，且服用益生菌，能够显著提升机体免疫反应，提高抗病力，降低腹泻及便秘发生率。但现有的猫用益生菌产品中，大多产品仅有调节肠道微生物群的作用，对体内胆固醇含量并无明显影响，且多为人源或其他动物源性，在猫肠道中的定植效果不稳定，大大减弱菌株治疗效果。

本团队前期分离出一株效果明显的宠物源植物乳杆菌及一株乳酸片球菌，并运用于高脂饮食小鼠上探究具体疗效。乳酸片球菌 CGMCC 27676 和植物乳杆菌 GDMCC 27193 的小鼠试验为选取 9 只健康的 4 周龄 Babl/c 雄性鼠，随机分为 L272 组、模型组和空白对照组，每组 3 只。使用普通繁殖料适应饲喂 3 d 后，L272 组、L141 及模型组饲喂 HFD 饲料，空白对照组饲喂普通小鼠繁殖料，同时对 L272 组灌服所述植物乳杆菌 GDMCC 27193 冻干益生菌制剂，对 L141 组灌服所述乳酸片球菌 CGMCC 27676 冻干益生菌制剂，连续灌服 28 d。研究结果表明，乳酸片球菌 CGMCC 27676 和植物乳杆菌 GDMCC 27193 可以有效减轻小鼠体重，增加胆固醇代谢，减轻肝脏及脂肪病变，有效增加小鼠肠道内有益微生物丰富度，降低致病菌数量，维持肠道微生物群平衡。

之后会将此益生菌制剂用于肥胖猫中进行进一步的效果评价。

通过临床一期试验证明前期所筛选出的猫源乳酸菌菌株安全无毒副作用，运用于临床无不良反应，且可降低猫体内炎症，其中益生菌 L–272 饲喂组可显著降低猫体内 IL–6 及 TNF–α 含量，饲喂两株乳酸菌均可改变健康猫体内胆固醇组成，显著提高猫体内 HDL–C 水平，降低 LDL–C 水平。

二、生物碱对细菌性腹泻影响

生物碱分子是存在于自然界（主要为植物，但有的也存在于动物）中的一类含氮的碱性有机化合物，大多数有复杂的环状结构，氮素多包含在环内，有显著的生物活性，是天然植物草药中重要的有效成分之一。生物碱分子来源广泛，由大量生物产生，包括细菌、真菌、植物和动物。

槐定碱是主要从豆科槐属植物苦豆子中提取的单体生物碱。中药如胡芦巴（豆科植物胡芦巴的干燥成熟种子）、槐花（豆科植物槐的干燥花及花蕾）、槐角（槐的果实）和山豆根（豆科植物越南槐的干燥根和根茎）等中也含有槐定碱和苦参碱。槐定碱具有抗炎、抗菌、抗癌等广泛的生理活性，苦参碱具有抗炎、抗病毒和免疫调节功能。槐定碱还具有免疫调节、抗肿瘤、抗病毒等作用。槐定碱对小鼠中枢神经系统具有兴奋作用，小鼠外观行为表现兴奋但其自主活动受抑制，SR 能延长戊巴比妥钠致小鼠入睡的潜伏期，缩短小鼠睡眠持续时间，其效应呈剂量依赖性；SR 能增强大鼠 CNS 的兴奋性递质 Glu 的含量，减少皮层及海马抑制性递质 GABA 的含量，试验还发现槐定碱兴奋中枢神经作用与增强杏仁核和中脑网状结构电活动有重要的关系。

本团队为研究生物碱对动物细菌性腹泻的影响，选取 120 只雄性 BALB/c 小鼠，灌胃不同浓度 CVCC1515 大肠杆菌 2.5×10^9 CFU/mL（n=5）、5×10^8 CFU/mL（n=5）、1×10^8 CFU/mL（n=5），各 200 μL。观察小鼠精神状况、被毛情况和粪便状态。研究结果表明，槐定碱、苦参碱能通过抑制 P65 NF–κB 和 P38 MAPK 的基因表达以及激活 P38 蛋白磷酸化来调节炎症细胞因子，显著抑制小鼠血清内 TNF–α、IL–1β 和 IL–6，显著提高 IL–10（$P < 0.01$），从而发挥抗炎活性，达到治疗小鼠大肠杆菌性腹泻的目的。

三、犬猫过敏原研究

在所有年龄段范围中，过敏性致敏原是哮喘和鼻炎诱发的重要决定因素，在北半球的人群中，除了花粉外，毛茸茸的动物是哮喘和过敏性鼻炎负担的主要致敏剂和主要贡献者之一（Konradsen et al.，2015）。

犬猫致敏原被认为是诱发哮喘和过敏性鼻炎发展的主要危险因素。根据一项针对吸入性致敏原的大规模皮肤点刺试验（SPT）研究（全球哮喘和过敏欧洲网络）显示，因疑似吸入性致敏原而就诊的欧洲成年人中约 26% 对猫过敏，27% 对犬过敏（Dávila et al.，2018；Heinzerling et al.，2009）。我国对儿童支气管哮喘、变应性鼻炎、湿疹、过敏性咳嗽、急慢性荨麻疹、过敏性紫癜等常见过敏性疾病的致敏原进行分析的流行病学调查显示，学龄前儿童和学龄期儿童吸入性致敏原过敏者分别占 66% 和 73.1%（邱晨 等，2019）。犬猫致敏原提取物中含有多种致敏原，目前已有 8 种猫的致敏原（Fel d 1 ～ Fel d 8）以及 8 种犬的致敏原（Can f 1 ～ Can f 8）在 WHO/IUIS 中注册，其中最主要的致敏原分别是 Fel d 1 和 Can f 1（Morris，2010）。

犬猫致敏原在世界范围内作为常见的室内吸入性致敏原，参与免疫球蛋白 E（IgE）介导的过敏反应，IgE 介导的过敏反应属于 I 型免疫，与其他类型免疫反应相比时间进程更快，抗原识别后继发反应的幅度更大，这些后果可能高度危及过敏患者的生命。IgE 介导的过敏反应的标志是立即的过敏原诱发反应，其中肥大细胞和嗜碱性粒细胞在几分钟内释放多种免疫介质。根据反应的部位，症状来自胃肠道、眼睛、气道或全身。它们分别表现为食物过敏、过敏性鼻结膜炎、过敏性哮喘或过敏反应。从长远来看，持续的过敏性炎症会导致不可逆的后果，如哮喘的气道组织重塑。据估计，过敏性鼻炎的患病率为 10% ～ 40%，并且在 15% ～ 38% 的病例中经常与哮喘有关。通常通过血清特异性 IgE 水平大于或等于 0.10 kUA/L 来确定对猫和犬皮屑的过敏原致敏性。

变应性致敏是一个复杂的免疫过程，涉及大量与宿主相关的因素，如上皮屏障、先天免疫和适应性免疫、遗传学以及环境因素，所有这些因素共同导致对无害环境物质、过敏原的不适当反应以及特定 IgE 的产生。根据假设，接触猫过敏原 Fel d 1 和对其过敏之间的剂量反应关系呈钟形。因此，暴露于中等水平过敏原的儿童致敏程度最高，而暴露于较高水平过敏原的儿童会产生耐受性。这种保护作用被认为与调节性细胞因子白细胞介素（IL–10）和过敏原特异性 IgG4 的产生有关。事实上，在人类实验环境中，高呼吸道抗原暴露似乎可以预防过敏反应。有研究报告强调了过敏原特异性 IgG1（而不是 IgG4）和产生 IL–10 的调节细胞在提供过敏症状保护中的作用。除了过敏原剂量外，与过敏原相关的其他因素，如接触的途径和时间或过敏原的免疫特性，都可能导致过敏反应。例如，几种哺乳动物呼吸道过敏原是脂质运载蛋白，已发现其抗原性 / 免疫原性较弱，这一特征与过敏性辅助性 T 细胞 2 型反应的发展有关。目前，还缺乏完全有效和安全的宠物过敏治疗方法。

（一）猫致敏原

在猫的皮屑、毛发、唾液、舌下腺等提取物中发现有多种致敏原，包括猫致敏原蛋白 Fel d 1 ～ Fel d 8。致敏原 Fel d 1 是分泌珠蛋白家族的成员，是最主要的猫致敏原，主要在舌下和皮脂腺中产生，肛腺和泪腺也会产生（Kaiser et al.，2003；Bonnet et al.，2018）。Fel d 1 主要储存在唾液和毛发中，当猫梳理自己毛发时，Fel d 1 也会转移到猫毛上；另外，含有 Fel d 1 致敏原的猫皮屑作为小的空气传播颗粒传播到环境中（Charpin et al.，1991）。Fel d 1 是由两个异源二聚体形成的 35 kDa 的四聚糖蛋白，二聚体之间以非共价键的方式连接，每个异源二聚体由一个 70 残基肽和一个 85、90 或 92 残基肽组成。这些链在每个异源二聚体中通过二硫键共价连接（图 3–1）（Kaiser et al.，2007）。在 Fel d 1 内部有一个不对称空腔，可以结合内源性配体；在体内，Fel d 1 的致敏原性由黏膜抗原呈递细胞（如树突状细胞）上的甘露糖受体识别决定（Ichikawa et al.，2001；Ukleja et al.，2016）。

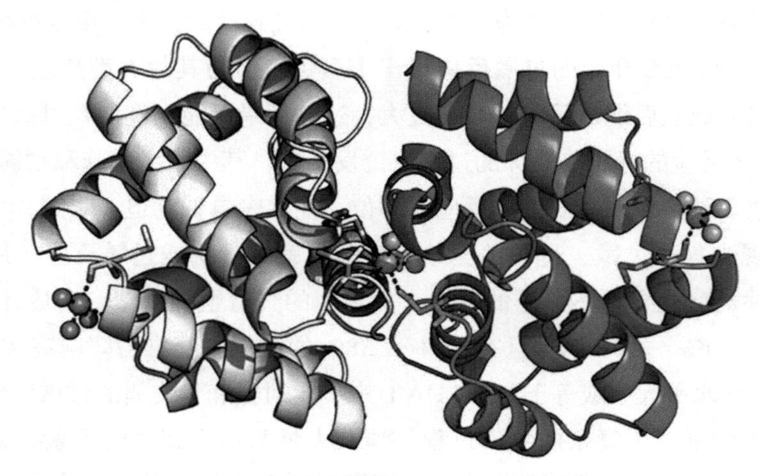

图 3–1　致敏原 Fel d 1 蛋白结构

Fel d 2 是一种血清白蛋白，是皮屑中的重要蛋白质，它是一种引起轻微过敏症状的猫致敏原，可在单重和多重免疫分析中作为天然纯化和重组分子获得。Fel d 3 是一种半胱氨酸蛋白酶抑制剂，也是一种次要致敏原，属于半胱氨酸蛋白酶抑制剂（CPI）的半胱氨酸蛋白酶抑制剂超家族，是一种小的酸性蛋白，没有半胱氨酸残基或二硫键。Fel d 4 和 Fel d 7 为脂质激素，Fel d 8 是一种独特的泡沫蛋白样蛋白，属于脂多糖结合蛋白 / 杀菌通透性增加家族（Tsolakis et al.，2018）。

在以上致敏原蛋白中，最重要的致敏原蛋白为 Fel d 1，能使 93.9 % 的猫科动物敏感患者敏感，过敏患者血清中针对猫致敏原的 IgE 抗体多数指向 Fel d 1，占总致敏原活性的 60% ～ 90%（Emara et al.，2011；Ukleja et al.，2016）（表 3–1）。

表 3–1　猫致敏原及其特性

致敏原	生化名称	分子量	来源	人致敏率
Fel d 1	子宫红蛋白	38 kDa	皮屑、唾液	60% ～ 100%
Fel d 2	血清白蛋白	69 kDa	皮屑、血清、尿液	14% ～ 54%
Fel d 3	胱抑素 –A	11 kDa	皮屑	10%
Fel d 4	脂钙素	22 kDa	唾液	63%

续表

致敏原	生化名称	分子量	来源	人致敏率
Fel d 5	免疫球蛋白 A	400 kDa	唾液、血清	38%
Fel d 6	免疫球蛋白 M	800 ～ 1 000 kDa	唾液、血清	—
Fel d 7	脂钙素	17.5 kDa	唾液	38%
Fel d 8	泡沫蛋白样蛋白	24 kDa	唾液	19%

资料来源：Sparkes，2022。

（二）犬致敏原

犬致敏原 Can f 1 是一种在犬的唾液腺中产生的脂质运载蛋白，与人类泪液脂质运载蛋白同源，在多达 50%～ 75% 对犬皮屑敏感的受试者中结合 IgE 抗体，是犬主要的致敏原之一（图 3–2）（Glasgow et al.，2002；Redl，2000；Habeler et al.，2020）。目前，Can f 1 是流行病学研究中的主要致敏原（Smallwood et al.，2012）。

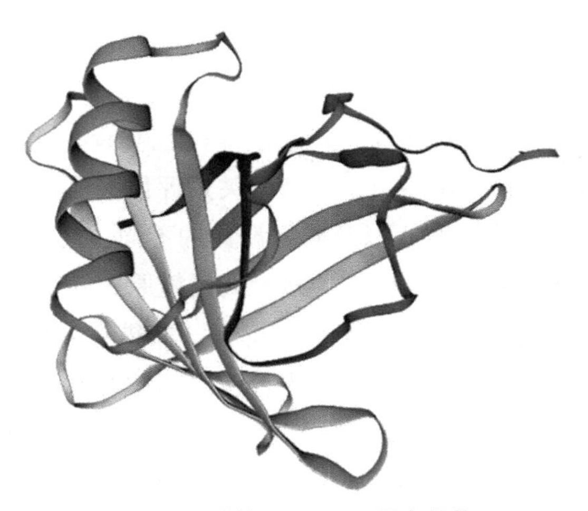

图 3–2　致敏原 Can f 1 蛋白结构

Can f 2、Can f 4、Can f 6 组分与 Can f 1 同属于载脂蛋白家族（邱晨 等，2019）。Can f 3 来源于犬血清白蛋白，与猫的致敏原 Fel d 2 属于同一类蛋白家族，而同一蛋白家族的成员间可能发生交叉反应（Mattsson et al.，2009）。Can f 4 是舌上皮组织表达的一种 158 个氨基酸的脂质运载蛋白，该致敏原主要存在于唾液和皮屑中（Niemi et al.，2014）。

Can f 5 是一种前列腺激肽释放酶（28 kDa 蛋白），在 2009 年也被确定为主要的犬致敏原，在 70 % 的过敏患者中结合 IgE，作为一种前列腺蛋白，它仅存在于公犬尿液中，并且与人类前列腺特异性抗原表现出交叉反应性，为犬致敏原暴露引起的精液超敏反应提供了潜在的解释（Mith et al.，2016）。Can f 7 又称 NPC2 蛋白，也称为

CE1 蛋白，是 MD–16 相关脂质识别（ML）家族中的 2 kDa 致敏原（Wintersand et al.，2019；Khurana et al.，2016）。此外，也在犬的皮屑中观察到了 Can f 8，并将其归为胱抑素家族的一员（Calzada et al.，2022）（表 3–2）。

表 3–2　犬致敏原及其特性

致敏原	生化名称	分子量	来源	人致敏率
Can f 1	脂钙素	23 ～ 25 kDa	皮屑、唾液	70%～ 92%
Can f 2	脂钙素	19 ～ 27 kDa	皮屑、唾液	80%
Can f 3	血清白蛋白	69 kDa	皮屑、唾液、血清	35%
Can f 4	脂钙素	16 ～ 18 kDa	皮屑、唾液	35%
Can f 5	精氨酸酯酶，前列腺激肽释放酶	28 kDa	皮屑、尿液	76%
Can f 6	脂钙素	27 ～ 29 kDa	皮屑、唾液	38%
Can f 7	附睾分泌蛋白 E1，或 NPC2 型蛋白	16 kDa	皮屑、唾液	10% ～ 20%
Can f 8	胱抑素	14 kDa	皮屑	13.3%

（三）降低犬猫致敏原的治疗方法

随着室内环境中宠物数量的增加，家庭暴露导致的动物过敏原过敏成为一个问题。但对成年人养宠物和对动物过敏原过敏之间的关系评估报告目前有所不同。此外，根据动物类型、接触时间和持续时间以及研究设计的不同，已开展的研究也有所不同。已有研究结果表明，过去和现在养犬直接接触犬过敏原有助于缓解过敏性疾病成年患者对犬过敏原的敏感。在没有直接接触的情况下，非猫主人可能会对猫过敏原过敏，这表明猫过敏原在我们的公共环境中可能很普遍。总体而言，养猫和对猫过敏之间的关系仍有争议，但养犬已被证明可预防对犬的过敏。有证据表明，间接接触，而不是直接拥有，会导致一般人群对动物过敏原过敏和过敏性疾病。

1. 致敏原特异性免疫疗法

致敏原特异性免疫疗法，又称脱敏治疗，是目前唯一一种治疗过敏性疾病的有效疗法，其通过长期注射致敏原诱导患者耐受该致敏原从而不再产生过敏反应，即使停药也有长期的疗效。多项研究表明，这种方法对过敏性患者具有安全性和多重益处，能够缓解呼吸道的主要症状，可以减少炎性反应。一项研究显示，与安慰剂组相比，接受猫科动物致敏原 Fel d 1 提取物皮下免疫疗法的受试者中 IgG4 水平升高、对致敏原的皮肤反应性降低、支气管反应性降低以及症状评分改善；临床疗效呈剂量依赖性，3.0 μg 和 15.0 μg 组在安慰剂组中均显示出显著变化，但彼此之间无显著差异，可能需要高剂量的致敏原以实现更有效的治疗。然而，使用天然致敏原提取物或者未经改变的重组蛋白进行致敏原特异性免疫疗法更易产生副作用。Pfaar（2015）研究表明，

41% 接受猫致敏原提取物特异性免疫治疗的患者出现了严重的副作用。另外，用犬致敏原 Can f 1 提取物对犬毛皮屑过敏患者进行特异性免疫治疗的效果不佳，有待进一步探讨（Chan et al.，2018）。

为了降低使用致敏原进行免疫治疗对患者的危害，通常需要降低致敏原蛋白的过敏性。聚合是降低致敏原蛋白过敏性最常见的方法。致敏原聚合会导致暴露的 IgE 结合位点数量减少，使其对过敏性患者外周血中嗜碱性粒细胞的活化能力低于正常致敏原，从而降低机体的过敏症状。Calzada 等（2022）将 Can f 1 和 Can f 5 的聚合产物作为新型犬皮屑过敏物质进行研究，发现该聚合物具有低结合 IgE 和激活犬过敏患者嗜碱性粒细胞的能力，这种过敏性疫苗可以提供比天然提取物更安全的特性。

2. 疫苗

另外，基于短肽的致敏原免疫疗法是常规免疫疗法的替代方法，由于短肽缺乏使肥大细胞和嗜碱性粒细胞表面上的 IgE 交联所需的三维结构，可以降低 IgE 介导的严重反应风险。因此，基于短肽的重组致敏原有望为致敏原免疫治疗提供新的思路。通过重组表达 Fel d 1 的 T 细胞抗原表位、开发一种 Fel d 1 低致敏原，使其能对免疫接种、诱导阻断 IgG 抗体以及诱导耐受性都有用；这种致敏原特异性免疫疗法一方面可以降低严重的副作用，另一方面能够减少肥大细胞或嗜碱性粒细胞上 IgE 的结合，从而减少过敏反应。这种短肽疫苗可以靶向致敏原特异性 T 细胞，比传统疫苗更安全、保护率更高。裴业春（2017）按照猫致敏原 Fel d 1 链Ⅰ、链Ⅱ连接后进行表达，制备了重组 Fel d 1 蛋白疫苗，免疫虎皮猫后，发现其毛发、下颚下腺中的 Fel d 1 含量下降 15%～60%。同时，使用表达 Fel d 1 的真核表达质粒 proVAX-rFel d 1 作为 DNA 疫苗，与蛋白疫苗按照 1∶1 比例混合后作为 DNA/ 蛋白共免疫疫苗，并在 Balb/c 小鼠上进行了预防和治疗试验。结果显示，注射 DNA/ 蛋白共免疫疫苗的过敏小鼠血清中总 IgE 水平降低了约 600 ～ 800 ng/mL，抑制了肺部呼吸阻力的上升，降低了应激过敏反应的激烈程度。

Nakatsuji 等（2022）基于序列比对和三级结构，预测了犬致敏原 Can f 1 蛋白中 IgE 表位的 5 个关键残基（His86、Glu98、Arg111、Glu138 和 Arg152）；结果表明，残基 His86 和 Arg152 为 IgE 构象表位的候选者。Immonen 等（2005）发现了 7 个 Can f 1 的 T 细胞表位区域，由这 7 个表位区域组成的肽可用于犬过敏的免疫治疗，这些肽表现出广泛的 T 细胞反应性，并且它们能够有效地与白人群体中最常见的 HLA-DRB1 分子结合。Juntunen 等（2009）合成了致敏原 Can f 1T 细胞表位的肽片段，发现这些合成肽比天然肽高 10 ～ 30 倍的致敏性，进一步说明重组犬致敏原短肽疫苗有望成为治疗过敏的有效途径。

3. 抗体

有研究表明，致敏原特异性中和抗体可以阻断 IgE 介导的过敏反应（Thoms et al.，

2019）。卵黄抗体（IgY）是鸟类、爬行以及两栖动物体内产生的主要抗体，与哺乳动物的 IgG 相似，由蛋鸡产生的 IgY 经转移聚集在卵黄当中，提取后能够作为预防和治疗相应疾病的多克隆抗体。周继萍等（2019）IgY 抗体制备研究表明，蛋鸡在经 4 次免疫后 IgY 抗体效价达到 1∶51 200；段海龙等（2014）制备的抗白唇竹叶青蛇毒 IgY 可在常温下进行制备、保存，且具有较强的耐酸性，在 pH 值为 2 的环境下仍可保持 74% 的活性；经胰蛋白酶处理 1 h 时其活性下降不明显；表明 IgY 具有制备简单、产量大、特异性强、稳定性强等优点。近年来已经有许多 IgY 针对毒素、细菌、病毒、寄生虫等方面的治疗报道，例如蛇毒、诺如病毒、猪带绦虫、大肠杆菌等（Artman et al.，2022；Carrara et al.，2020；Han et al.，2021）。

Satyaraj 等（2019，2021）研究发现抗 Fel d 1 的兔多克隆抗体、致敏原特异性鸡卵黄抗体 IgY 能够与猫唾液中的 Fel d 1 结合，阻断 Fel d 1 与 IgE 的结合以及 IgE 介导的嗜碱性粒细胞脱颗粒，从而降低过敏反应。另外，他们将 Fel d 1 特异性卵黄抗体 IgY 添加到猫粮中（添加量为 8 mg/kg），饲喂 3 周后，发现卵黄抗体 IgY 显著降低了猫毛发中 Fel d 1 的含量；饲喂 10 周后，毛发中 Fel d 1 的平均含量下降了 47%。由此可见，重组 Fel d 1 蛋白卵黄抗体能够中和致敏原蛋白，降低猫致敏原蛋白的分泌量，特异性抗体为对犬猫过敏症的防治提供了一种新的方法。

（四）作者团队研发成果

近几十年来，人们为犬猫致敏原进行免疫治疗也作出了巨大努力。目前，对猫过敏患者的治疗主要通过脱敏治疗法实现，通过反复注射猫皮屑的粗提取物或源自 Fel d 1 的多肽，但治疗后的患者仍然存在过敏症状或者产生了副作用。致敏原阻断抗体为中和犬猫致敏原提供了一种新的思路，包括犬猫致敏原的重组、致敏原阻断抗体的制备及其在靶动物体内阻断的实际应用效果等研究。但是，重组致敏原全长蛋白的策略往往不能正确折叠，其表达量不高、位点突变及二硫键错配等问题可能会影响其免疫原性，有待进一步从抗原表位序列上进行优化。今后，基于抗原多表位融合的策略研发高效特异性生物制剂（如特异性 IgY 抗体），不仅可以中和犬猫体内的致敏原蛋白，从源头上降低其含量，而且比疫苗更容易被机体吸收，有望解决宠物毛发过敏症的源头问题。

作者团队重组表达了猫过敏原蛋白 Fel d 1，免疫蛋鸡后获得特异性 IgY 多克隆抗体，其效价高达 $1:2^{22}$。选取健康成猫饲养于中国农业科学院中试基地，试验日粮为基础日粮及含有特异性 IgY 多克隆抗体的蛋粉，分别在试验期采集猫唾液样本，并检测其中过敏原蛋白 Fel d 1 的含量。研究结果显示，饲喂不同剂量的含有特异性 IgY 多克隆抗体的蛋黄粉能够显著地降低猫唾液中的 Fel d 1 含量，四周后的下降率达 67.7%。本研究表明，基于重组过敏原蛋白制备的特异性 IgY 多克隆抗体可以显著地降低猫唾液中过敏原蛋白的含量。

四、人宠肠道菌群及耐药基因的互作

抗生素耐药性被世界卫生组织视为“全球性公共问题”，其对人类、动物和环境的威胁日益严重。在宠物临床中，为控制细菌性感染，抗菌药的使用非常广泛且频繁，甚至有滥用的迹象，因此很容易导致耐药性的产生。而由于人类经常与小动物亲密频繁地接触，它们身上的耐药菌也非常有可能传给人类。最近的研究表明，宠物，如狗和猫，可能成为多重耐药细菌的携带者，这些细菌可能传播给与之接触的人类。这些多重耐药细菌包括耐甲氧西林金黄色葡萄球菌（MRSA）、万古霉素耐药肠球菌（VRE）、第三代头孢菌素耐肠杆菌（3GCRE）和碳青霉烯类耐药肠杆菌（CRE）等。然而，宠物携带的抗生素耐药性基因及其对主人的影响研究仍然不够深入。

作者团队利用宏基因组分析比较了宠物猫与其主人之间的抗生素抗性基因（ARGs）特征，在收集的来自 20 个家庭中，发现 67.0 % 存在与主人肠道中的 ARGs 也存在与猫肠道中，占比为 58.4%。相比之下，不养猫的人有 62.3% ARGs 存在于猫肠道中，占比为 42.4%。这表明宠物猫与人之间可能存在 ARGs 的水平转移。研究还发现宠物主人和宠物猫的组间多样性差异不显著（$P > 0.05$），而不养猫的人和宠物猫的菌群多样性具有显著差异（$P < 0.05$）。对 ARGs 和菌群进行关联性分析，发现 ARGs 的变化与菌群变化之间具有强相关性。这提示人与宠物是通过菌群互作携带 ARGs 进行水平传播的。因此，为了减少人和宠物之间的耐药性传播风险，需要更加重视抗生素的使用和预防措施，如定期对宠物和宠物主人进行健康检查，避免抗生素的不必要使用，以及保持良好的卫生习惯。

第二节　应用研究进展

一、酵母水解物在猫上的应用研究

酵母水解物是酵母细胞的水解产物，主要通过酵母细胞自溶或外加酶水解得到酵母水解物富含蛋白质、核苷酸、小肽、维生素、生物酶、酵母多糖等多种营养物质，具有促生长、增强免疫力、提高抗氧化能力、维护肠道健康等生物学功能，能有效提高动物福利。将酵母水解物添加至饲料中可以明显改善饲料适口性并促进营养物质吸收（De et al.，2021）。它还可以通过加快受损肠道细胞修复，促进肠道损伤恢复，减少腹泻发生。酵母水解物对肠道微生物也具有作用，尤其对沙门氏菌、大肠杆菌等致病菌具有良好的抑菌作用，可以促进肠道乳酸菌、双歧杆菌等益生菌定植，帮助维持肠道微生物群平衡。但目前仍缺乏将酵母水解物添加至猫日粮中，分析酵母水解物对猫的安全性及使用效果的相关研究。

作者团队为确定在健康猫的日粮中添加不同浓度的酿酒酵母水解物对猫的血液生化、血液免疫指标、粪便代谢产物及粪便微生物影响，开展了相关试验。将 24 只健康成猫（均为 2 岁左右，雌性）随机分为 4 组，对照组（T0，n=6，不含任何酵母制品）、处理 1（T1，低浓度组，0.8%，n=6）、处理 2（T2，中浓度组，1.5%，n=6）、处理 3（T3，高浓度组，4%，n=6）。在第 28 d，收集血液和粪便，分别检测血液参数、粪便微生物群和短链脂肪酸、免疫学参数和粪臭素。结果显示，酵母水解物处理组的血清 IgG 均比对照组有显著提高（$P < 0.05$），其中 T1 和 T2 分别提高了 30.7% 和 26.2%。与对照组相比，T2 和 T3 组的粪中粪臭素浓度降低（$P < 0.05$），养分消化率也有所提高，但差异不显著（$P > 0.05$）。粪便中的吲哚和 3- 甲基吲哚均比对照组减少，其中 3- 甲基吲哚减少了 67.3%（$P < 0.05$）。此外，我们的数据发现，与对照组相比，酵母水解物增加了猫肠道中优势菌群数量，尤其是厚壁菌门及拟杆菌门细菌，肠道内的益生菌，如乳酸杆菌及瘤胃球菌数量也有升高。可见酵母水解物为良好的食物添加剂选择，能够有效提升猫免疫力，改善猫肠道状况，增加有益代谢产物。

二、胆汁酸对猫的脂肪代谢和肠道菌群的影响

胆汁酸（BAs）是人类和动物脂肪代谢中的一种重要代谢产物。曾在猫的胆囊中检测到多种 BAs，包括牛磺熊去氧胆酸、牛磺胆酸、牛磺鹅去氧胆酸、牛磺石胆酸、

胆酸和甘氨鹅去氧胆酸，其中牛磺胆酸和牛磺鹅去氧胆酸占优势。BAs可以乳化食物，促进脂肪的消化，也是脂肪代谢过程中的重要信号。先前的研究表明，BAs与人类的许多疾病有关，如癌症、炎症和一些慢性肝病。这些研究证明了BAs在人体和小鼠模型的代谢中确实起着非常重要的作用。但是对宠物，尤其是胆汁酸对猫的作用研究很少。

作者团队为研究胆汁酸对猫肠道微生物群的影响，随机选取5只两岁的健康猫，胆汁酸产品的剂量为每天50 mg/kg体重。在0日龄（A组）和28日龄（B组）对猫的粪便菌群、挥发性脂肪酸、脂肪消化率和血液生化指标进行了研究和测定。结果表明，BAs可能对猫的脂肪代谢和肠道微生物群有调节作用，并能提高不同营养成分的消化率。血清胆固醇水平显著降低，淀粉酶活性提高。28日龄体重有所下降，但差异不显著（$P > 0.05$）。使用BAs产品后，第28 d双歧杆菌的丰度明显增加（$P < 0.05$）。该研究为调节猫的脂肪代谢和改善肠道健康提供了一种新的方法。

三、香兰素对动物肠道微生物及肠道炎症的影响

香兰素又名香草醛，化学名称为3–甲氧基–4–羟基苯甲醛，是从芸香科植物香荚兰豆中提取的一种有机化合物，为白色至微黄色结晶或结晶状粉末，微甜，溶于热水、甘油和酒精，在冷水及植物油中不易溶解。香气稳定，在较高温度下不易挥发。在空气中易氧化，遇碱性物质易变色。香兰素具有香荚兰豆香气及浓郁的奶香，起增香和定香作用，广泛用于化妆品、烟草、糕点、糖果以及烘烤食品等行业，是全球产量最大的合成香料品种之一，工业化生产香兰素已有100多年的历史。香兰素在最终加香食品中的建议用量为0.2～20 000 mg/kg。根据我国国家卫生健康委员会的规定，香兰素可用于较大婴儿、幼儿配方食品和婴幼儿谷类食品（婴幼儿配方谷粉除外）中，最大使用量分别为5 mg/mL和7 mg/100 g。香兰素也可用作植物生长促进剂、杀菌剂、润滑油消泡剂等，还是合成药物和其他香料的重要中间体。

香草醛对所检测的菌株具有不同程度的抗菌作用。其中，香草醛对大肠杆菌不同株系（如CVCC1515、CVCC195和CVCC87E）以及沙门菌ATCC14028的抗菌活性最高，其MIC和MBC值分别为1.28 mg/mL和5 mg/mL。香草醛对大肠杆菌CVCC156具有较强的抗菌作用，其MIC和MBC值为1.28 mg/mL和10 mg/mL。香草醛对金黄色葡萄球菌ATCC43300、沙门菌CVCC3377有一定的抑制作用，其MIC和MBC的值分别为2.56 mg/mL和5～10 mg/mL。

在小鼠巨噬细胞RAW264.7细胞中添加不同浓度的香草醛后，与空白对照组相比，高浓度（1.25～5.00 mg/mL）的香草醛抑制了细胞的增殖，细胞存活率低于80%。香草醛在低浓度时（0.313～0.625 mg/mL）能够促进RAW264.7细胞的增殖，其中在0.313 mg/mL浓度时，能够显著地促进细胞增殖（$P < 0.000\,1$）。由此可见，低浓度的

香草醛对细胞无毒副作用。

四、菊粉对宠物健康的影响

菊粉作为一种长链果聚糖，是植物中储备性多糖，主要来源于菊苣根。目前已发现有 36 000 多种，包括双子叶植物中的菊科、桔梗科、龙胆科等 11 个科及单子叶植物中的百合科、禾本科。菊粉分子约由 31 个 β–D– 呋喃果糖和 1 ～ 2 个吡喃菊糖残基聚合而成，果糖残基之间通过 β–2,1– 键连接。其中菊芋和菊苣是工业生产中菊粉的主要天然来源，并且菊粉的含量高达 13% ～ 20%。此外，菊粉也可以由一些真菌和细菌（如杆菌、假单胞菌、聚多曲霉和链球菌）酶促产生或合成。菊粉无法被哺乳动物的酶消化，到达结肠时会通过肠道微生物发酵消化，产生优质代谢产物调节肠道环境。16S rRNA 高通量测序是一种基于 DNA 的技术，可全面评价胃肠道微生物群落，预测基因组功能。在猫饮食中添加益生元可改变猫肠道微生物群结构和功能，进而影响犬猫健康。菊粉作为一种益生元，通过刺激有益菌的生长，对调节肠道微生物群具有显著作用。此外，菊粉还在调节脂质代谢、减肥、降低血糖、抑制炎症因子表达、降低结肠癌风险、增强矿物质吸收、改善便秘和缓解抑郁方面表现出优异的健康益处。

作者团队为研究菊粉饲喂对健康成猫的肠道健康、粪便特性、免疫功能的影响，选取 8 只健康成年雌性英国短毛猫，饲养于中国农业科学院中试基地的清洁环境中，试验日粮为在固定基础日粮上添加相同剂量菊粉（50 mg/kg）。在试验开始前进行 14 d 的适应饲喂，在试验开始第 0 d、第 7 d、第 14 d、第 21 d 采集新鲜粪便及血液样本，提取粪便基因组 DNA 并创建 16S rRNA 基因扩增子，进行 16S rRNA 测序，血液样本进行免疫指标检测。研究结果显示，饲喂菊粉主要引起厚壁菌门、拟杆菌门、变形菌门变化，其中柯林斯氏菌变化表现最为明显，其他菌属变化不显著。本研究表明补充菊粉可增加柯林斯氏菌数量，可间接影响去氧胆汁酸的分泌，提升机体抗氧化功能。菊粉对体重、采食量、免疫功能及粪便状态并未表现出明显影响。

五、宠物源乳酸菌对宠物健康的影响

本团队从犬猫粪便中分离出上百株乳酸菌，并从中挑选出一株乳酸菌 L11 进行验证。通过试验发现，该菌可以改善猫的肠道健康，增加双歧杆菌的丰度，提高 SIgA 的含量，并有效地调节猫的脂质代谢。

六、富勒烯在宠物上的应用研究

富勒烯（C60）是一种碳元素的第三种同素异形体，它于 1996 年由诺贝尔化学奖的获得者——Robert FCurl、JrHarold W Krot 和 Richard E Smalley 三位科学家发现的。

1992 年，Buseck 最早报道了地球上的天然富勒烯是在桑加岩中发现的，之后在闪电熔岩、地层界限岩石、陨石等都发现了 C60。我国在云南煤矿、河南西峡均发现了天然富勒烯。研究报道，富勒烯在衰老、肿瘤、癌症、心脏病、心血管疾病和糖尿病等疾病的治疗中发挥了重大作用，其作用机制主要是对自由基的清除能力，其抗自由基作用在今后的医药领域中的运用具有较大的潜力。

2012 年，日本国家健康科学院环境化学研究组、危险评估研究组和 DIMS 医药科学机构实验结果显示小鼠口服 C60 20 ～ 78 mg/kg 后没有任何异常，口服 C60 和 C70 的混合物 2 000 mg/kg，也无异常。

作者团队前期围绕富勒烯在猫的应用展开了相关研究，发现不同浓度的富勒烯产品均可以改善肠道菌群健康，增加肠道中双歧杆菌的丰度含量，并调节脂质代谢，提高动物血清中胆汁酸的含量，同时，降低粪便中臭味物质 3– 甲基吲哚的含量，未来对于改变粪臭具有一定的应用前景。但是机理部分后续还需要进行更多的研究。

七、不同主粮加工类型消化率的研究

表观消化率是评价宠物食品营养利用效率的重要指标之一。作者团队对数款全价宠物粮表观消化率进行了测试，有膨化粮、烘焙粮、冻干粮以及双拼和三拼粮，其中猫全价粮数量相对较多。

目前，作者团队测试的全价猫粮粗蛋白质含量在 36.8% ～ 44.8% 不等，粗蛋白质表观消化率为（84.8±0.65）% ～（87.8±0.63）%，其中，鲜肉粮和低温烘焙粮表观消化率偏高，均高于 87%；全价猫粮粗脂肪含量 16.32% ～ 21.24% 不等，粗脂肪表观消化率为（97.9±0.26）% ～（99.1±0.31）%，各种猫粮粗脂肪表观消化率差别较小。

全价犬粮粗蛋白质含量 22.4% ～ 32.6% 不等，粗蛋白质表观消化率为（80.5±1.12）% ～（90.02±1.52）%，膨化粮粗蛋白质表观消化率与蛋白原料来源有关全价犬粮粗脂肪含量 10.3% ～ 13.5%，粗脂肪表观消化率（94.0±1.64）% ～（99.02±0.33）%，膨化粮表观粗脂肪消化率差别不大。

犬猫粮营养物质表观消化率影响因素较多，其中，加工工艺过程改变和原料成分均能够影响消化率高低，但原料品质优劣等因素也是影响犬猫粮表观消化率高低的原因。

参考文献

段海龙，余晓东，邓骛远，等，2014. 抗白唇竹叶青蛇毒卵黄抗体 (IgY) 的制备及其稳定性研究 [J]. 现代预防医学，41（6）：1074–1077.

裴业春，2017. DNA 疫苗和蛋白疫苗共免疫防治猫过敏症及其作用机理研究 [M]. 北京：中国农业科学技术出版社 .

邱晨，薛仁杰，田曼，2019. 宠物过敏原与儿童气道过敏性疾病的关系 [J]. 医学综述，25（13）：2520–2524.

周继萍，曹瑞敏，米克热木·沙依布扎提，等，2019. 猪硒蛋白 W 的原核表达及 IgY 多克隆抗体制备 [J]. 中国畜牧兽医，46（6）：1801–1807.

周婕，2012. 猫过敏原重组蛋白突变体的构建及免疫学鉴定 [D]. 广州：广州医学院 .

ARTMAN C, IDEGWU N, BRUMFIELD K D, 2022. Feasibility of polyclonal avian immunoglobulins (IgY) as prophylaxis against human norovirus infection[J]. Viruses, 14(11): 2371.

BONNET B, MESSAOUDI K, JACOMET F, et al., 2018. An update on molecular cat allergens: Fel d 1 and what else? Chapter 1: Fel d 1, the major cat allergen[J]. Allergy, Asthma and Clinical Immunology, 14: 14.

CALZADA D, ARANDA T G M G, ESCUTIA M R, et al., 2022. Immunological mechanisms involved in the human response to a dog dander allergoid[J]. Molecular Immunology, 145: 88–96.

CARRARA G M P, SILVA G B, FARIA L S, 2020. IgY antibody and human neurocysticercosis: a novel approach on immunodiagnosis using Taenia crassiceps hydrophobic antigens[J]. Parasitology, 147(2): 240–247.

CHAN S K, LEUNG D Y M, 2018. Dog and cat allergies: current state of diagnostic approaches and challenges[J]. Allergy, Asthma and Immunology Research, 10(2): 97–105.

CHARPIN C, MATA P, CHARPIN D, et al., 1991. Fel d 1 allergen distribution in cat fur and skin[J]. Journal of Allergy and Clinical Immunology, 88(1): 77–82.

DÁVILA I, DOMÍNGUEZ O J, NAVARRO P A, et al., 2018. Consensus document on dog and cat allergy[J]. Allergy, 73: 1206–1222.

EMARA M, ROYER P J, ABBAS Z, et al., 2011. Recognition of the major cat allergen Fel d 1 through the cysteine–rich domain of the mannose receptor determines its allergenicity[J]. The Journal of Biological Chemistry, 286(15): 13033–13040.

GLASGOW B J, ABDURAGIMOV A R, GASYMOV O K, et al., 2002. Tear lipocalin: structure, function and molecular mechanisms of action[J]. Advances in Experimental Medicine and Biology, 506: 555–565.

HOŁDA K, NATONEK–WIŚNIEWSKA M, KRZYŚCIN P, et al., 2018. Qualitative and quantitative detection of chicken deoxyribonucleic acid (DNA) in dry dog foods[J]. Journal of Animal Physiology and Animal Nutrition, 1: 37–42.

HABELER M, REDL B, 2020. Phage–display reveals interaction of lipocalin allergen Can f 1 with a peptide resembling the antigen binding region of a human γδ T–cell receptor[J]. Biological Chemistry, 402(4): 433–437.

HAN S, WEN Y, YANG F, et al., 2021. Chicken egg yolk antibody (IgY) protects mice against enterotoxigenic escherichia coli infection through improving intestinal health and immune response[J]. Frontiers in Cellular and Infection Microbiology, 11: 662710.

HEINZERLING L M, BURBACH G J, EDENHARTER G, et al., 2009. GA(2)LEN skin test study I: GA(2)LEN harmonization of skin prick testing: novel sensitization patterns for inhalant allergens in Europe[J]. Allergy, 64: 1498–1506.

ICHIKAWA K, VAILES L D, POMÉS A, et al., 2001. Identification of a novel cat allergen–cystatin[J]. International Archives of Allergy and Immunology, 124(1–3): 55–56.

IMMONEN A, FARCI S, TAIVAINEN A, et al., 2005. T cell epitope–containing peptides of the major dog allergen Can f 1 as candidates for allergen immunotherapy[J]. Journal of Immunology, 175(6): 3614–3620.

JUNTUNEN R, LIUKKO A, TAIVAINEN A, et al., 2009. Suboptimal recognition of a T cell epitope of the major dog allergen Can f 1 by human T cells[J]. Molecular Immunology, 46(16): 3320–3327.

KAISER L, VELICKOVIC T C, BADIA M D, et al., 2007. Structural characterization of the tetrameric form of the major cat allergen Fel d 1[J]. Journal of Molecular Biology, 370(4): 714–727.

KHURANA T, NEWMAN L S, YOUNG P R, et al., 2016. The NPC2 protein: a novel dog allergen[J]. Annals of Allergy Asthma and Immunology, 116(5): 440–446.

KONRADSEN J R, FUJISAWA T, VAN H, et al., 2015. Allergy to furry animals: new insights, diagnostic approaches, and challenges[J]. The Journal of Allergy and Clinical Immunology, 135: 616–625.

MATTSSON L, LUNDGREN T, EVERBERG H, et al., 2009. Prostatic kallikrein: a new major dog allergen[J]. Journal of Allergy and Clinical Immunology, 123(2): 362–368.

MITH D M, COOP C A, 2016. Dog allergen immunotherapy: past, present, and future[J]. Annals of Allergy Asthma and Immunology, 116(3): 188–193.

MORRIS D O, 2010. Human allergy to environmental pet danders: a public health perspective[J]. Vet Dermatol, 21(5): 441–449.

NAKATSUJI M, SUGIURA K, SUDA K, et al., 2022. Structure–based prediction of the IgE epitopes of the major dog allergen Can f 1[J]. The FEBS Journal, 289(6): 1668–1679.

NIEMI M H, RYTKÖNEN N M, JÄNIS J, et al., 2014. Structural aspects of dog allergies: the crystal structure of a dog dander allergen Can f 4[J]. Molecular Immunology, 61(1): 7–15.

PFAAR O, SAGER A, ROBINSON D S, 2015. Safety and effect on reported symptoms of depigmented polymerized allergen immunotherapy: a retrospective study of 2927 paediatric patients[J]. Pediatric Allergy and Immunology, 26(3): 280–286.

REDL B, 2000. Human tear lipocalin[J]. Biochim Biophys Acta, 1482(1–2): 241–248.

SATYARAJ E, GARDNER C, FILIPI I, et al., 2019. Reduction of active Fel d 1 from cats using an antiFel d 1 egg IgY antibody[J]. Immunity, Inflammation and Disease, 7(2): 68–73.

SATYARAJ E, SUN P, SHERRILL S, 2021. Fel d 1 Blocking antibodies: a novel method to reduce IgE–mediated allergy to cats[J]. Journal of Immunology Research, 5: 5545173.

SATYARAJ E, WEDNER H J, BOUSQUET J, 2019. Keep the cat, change the care pathway: a transformational approach to managing Fel d 1, the major cat allergen[J]. Allergy, 74 (s107): 5–17.

SMALLWOOD J, OWNBY D, 2012. Exposure to dog allergens and subsequent allergic sensitization: an updated review[J]. Current Allergy and Asthma Reports, 12(5): 424–428.

SPARKES A H, 2022. Human allergy to cats: a review for veterinarians on prevalence, causes, symptoms and control[J]. Journal of Feline Medicine and Surgery, 24(1): 31–42.

THOMS F, JENNINGS G T, MAUDRICH M, et al., 2019. Immunization of cats to induce neutralizing antibodies against Fel d 1, the major feline allergen in human subjects[J]. The Journal of Allergy and Clinical Immunology, 144(1): 193–203.

TSOLAKIS N, MALINOVSCHI A, NORDVALL L, et al., 2018. Sensitization to minor cat allergen components is associated with type–2 biomarkers in young asthmatics[J]. Clinical and Experimental Allergy, 48(9): 1186–1194.

UKLEJA S N, GAWROŃSKA U E, ŻBIKOWSKA G M, et al., 2016. Analysis of feline and canine allergen components in patients sensitized to pets[J]. Allergy, Asthma and Clinical Immunology, 12: 61.

WINTERSAND A, ASPLUND K, BINNMYR J, et al., 2019. Allergens in dog extracts: Implication for diagnosis and treatment[J]. Allergy, 74: 1472–1479.

附　录

附表 1　成年犬猫维生素的营养需要量

（干物质基础）

营养指标	单位	AAFCO				单位	FEDIAF			
		犬		猫			犬（按照 110 kcal/kgBW$^{0.75}$ 计算）		猫（按照 100 kcal/kgBW$^{0.67}$ 计算）	
		最低推荐量	最高限值	最低推荐量	最高限值		最低推荐量	最高限值	最低推荐量	最高限值
VA	IU/kg	5 000	250 000	3 332	333 300	IU	606.00	40 000（N）	333.00	40 000（N）
VD	IU/kg	500	3 000	280	30 080	IU	55.20	227.00（L）	25.00	3 000（N）
VE	IU/kg	5	—	40	—	IU	3.60	320.00（N）	3.80	—
VK	mg/kg	—	—	0.1	—	μg	—	—	—	—
VB_1（硫胺素）	mg/kg	2.25	—	5.6	—	mg	0.21	—	0.44	—
VB_2（核黄素）	mg/kg	5.2	—	4.0	—	mg	0.60	—	0.32	—
VB_3（泛酸）	mg/kg	12	—	5.75	—	mg	1.64	—	3.20	—
VB_4（胆碱）	mg/kg	1 360	—	2 400	—	mg	164.00	—	240.00	—
VB_5（烟酸）	mg/kg	13.6	—	60	—	mg	1.42	—	0.58	—
VB_6（吡哆醇）	mg/kg	1.5	—	4.0	—	mg	0.15	—	0.25	—
VB_7（生物素）	mg/kg	—	—	0.07	—	μg	—	—	6.00	—
VB_{12}（钴胺素）	mg/kg	0.028	—	0.020	—	μg	3.35	—	1.76	—
VB_9（叶酸）	mg/kg	0.216	—	0.8	—	μg	25.80	—	75.00	—

附表 2　成年犬猫矿物元素营养需要量

（干物质基础）

营养指标	单位	AAFCO				单位	FEDIAF（按照 100 kcal/kgBW$^{0.67}$ 计算）			
		犬		猫			犬		猫（按照 100 kcal/kgBW$^{0.67}$ 计算）	
		最低推荐量	最高限值	最低推荐量	最高限值		最低推荐量	最高限值	最低推荐量	最高限值
Ca	%	0.5	2.5	0.6	—	g	0.50	2.50（N）	0.40	—
P	%	0.4	1.6	0.5	—	g	0.40	1.60 (N)	0.26	—
K	%	0.6	—	0.6	—	g	0.50	—	0.60	—
Na	%	0.08	—	0.2	—	g	0.10	—	0.08	—
Cl	%	0.12	—	0.3	—	g	0.15	—	0.11	—
Mg	%	0.06	—	0.04	—	g	0.07	—	0.04	—
Cu	mg/kg	7.3	—	5	—	mg	0.72	2.80（L）	0.50	2.80（L）
I	mg/kg	1.0	11	0.6	9.0	mg	0.11	1.10（L）	0.13	1.10（L）
Fe	mg/kg	40	—	80	—	mg	3.60	68.18（L）	8.00	68.18（L）
Mn	mg/kg	5.0	—	7.6	—	mg	0.58	17.00（L）	0.50	17.00（L）
Se	mg/kg	0.35	2	0.3	—	ųg	18.00	56.80（L）	21.00	56.80（L）
Zn	mg/kg	80	—	75	—	mg	7.20	22.70（L）	7.50	22.70（L）

注：*（N）=nutritional;（L）=EU legal limit